高级男西装缝制工艺

Classic Tailoring Techniques for Menswear

（美）罗伯特·卡布雷拉（Roberto Cabrera）
（美）丹尼斯·安东尼（Denis Antoine） 著
辛芳芳 译

东华大学出版社·上海

图书在版编目（CIP）数据

高级男西装缝制工艺 / (美) 罗伯特·卡布雷拉(Roberto Cabrera) , (美) 丹尼斯·安东尼(Denis Antoine) 著 ; 辛芳芳译. —上海 : 东华大学出版社，2022.6

ISBN 978-7-5669-2060-7

Ⅰ.①高…　Ⅱ.①罗…②丹…③辛…　Ⅲ.①男服—西服—服装缝制　Ⅳ.①TS941.718

中国版本图书馆CIP数据核字（2022）第074985号

高级男西装缝制工艺
GAOJI NANXIZHUANG FENGZHI GONGYI

（美）罗伯特·卡布雷拉(Roberto Cabrera)

（美）丹尼斯·安东尼(Denis Antoine)　　　　　　著

出　　版：东华大学出版社（上海市延安西路1882号，200051）

网　　址：http://dhupress.dhu.edu.cn

天猫旗舰店：http://dhdx.tmall.com

营销中心：021-62193056　62373056　62379558

印　　刷：当纳利（上海）信息技术有限公司

开　　本：889m×1194mm　1/16　印张：17.5

字　　数：625千字

版　　次：2022年6月第1版

印　　次：2022年6月第1次印刷

书　　号：ISBN 978-7-5669-2060-7

定　　价：89.00元

目录

第九章 局部结构的修正 253

第一章 高级男西装制作简介

高级男西装的制作工艺可以追溯到14世纪时期，当时在欧洲男装制作中首次出现了胸部加入衬料的制作方法。与传统工艺对穿着者外轮廓的塑造不同的是，新的制作方法是将面料精确裁剪后，巧妙地塑造成立体的形状，并加入衬料缝制成合体的服装。随着技术的发展和潮流的变迁，这种制作方法使用的衬料面积被不断地扩大，逐渐延伸至男装的袖部、肩部，甚至是腹部。在服装内部结构中使用衬料，被认为是改善人体轮廓造型的一大工艺进步，加入的衬料使得服装表面更加平整服贴，相比传统的制作方法，这种服装的外形不易受到身体姿势变化和各种运动的影响。

裁剪技术改良后的男装与衬衫、裙子的制作方法已经完全不同。到16世纪，欧洲的男装裁缝师们已经建立起一整套高级男装的裁剪制作方法，并就当时绅士们的丝质高级男装衬垫的色彩、品质以及里料的搭配附有详细的工艺说明。

直到19世纪初期，完美的合体性才成为高级男装质量优劣的评判标准。男装内部结构保留了传统的样式，但是外观变得更加精致和细腻，它现在的设计方向从扭曲自然的人体线条转变为修饰人体体形，衬料的材质选择也被予以重视。西装的驳领领口应自然地翻折下来，贴服在前衣身的胸部，领部不能牵拉服装的前衣片，使得衣身在身体上向前翘起而不平服。西装所有衣片的边缘都经过精心的设计和制作，遮盖住下方可能会露出的几层里料。衣边被缝制熨烫得均匀又平整，衣角的结构清晰平整，没有凸起的不平服感。衣领和衣身上所有的弧形边缝缝份上，都均匀地斜裁出刀口，并朝向身体一侧烫平，完美地避免了可能出现的衣身隆起现象，领尖和袋盖均使用向上的弧线设计，当口袋不使用时，袋口不会裂开，衣衩平整并呈自然闭合状，制作好的男装体现出制作者对设计线条的清晰定义，恰当、完美地呈现面料的材质，以及在造型细节方面无可挑剔的合体性设计。

本书介绍的高级男装制作方法与当今世界上顶级裁缝师采用的工艺技术区别不大，事实上，在过去100年里，高级男装的制作方法几乎没有改变过。虽然今天出现了黏合多层面料的新机器和新技术，可以快速制作，替代耗时的手工艺，但这些快捷方式却较少被高级男装定制师们所采用。缝纫机几乎用于所有其他类服装制作的拼缝和省道的缝制，但高级定制西装上大约有75%的针脚仍然是通过手工缝制来完成的，这样做的目的是确保能准确地塑造出面料的立体形态。黏合衬有时被定制裁缝师用来加固某些局部位置，如省尖或某些口袋的内侧，但是它们不能代替手工制作的多层胸衬，而胸衬才是塑造西装整个胸部造型的关键。

今天的高级男装定制师们继续沿袭150年前的工艺制作，不仅是因为他们一直坚持"慢工出细活"的工匠精神，更是因为这种传统方法所制作出的男装在轮廓造型、细节设计和结构牢度等各个方面都是当今的快时尚产品所无法比肩的。

我们希望读者在欣赏优雅的高级男装的同时，也能体验到工艺的精湛之处，期待你们通过大量的实践和充足的耐心，学习并掌握这门历史悠久的制作艺术。

高级男西装的地域分化

多年来，在使用用途、时尚潮流以及环境气候的影响下，分化演变出一些地区性的高级男装流派。这些流派又根据自己的制作方法建立了不同的传授方法。下面是对各个地区高级男装流派的简要介绍，需要提醒的是，这本书中所介绍的制作工艺只是基本的操作指南，提供给需要实践的学习者使用。

英式高级男装

现代高级男装缝制发展最具影响力的地区是英国。在19世纪中叶，社会生活的巨变引导人们开始尝试新式着装，当时英国大众普遍流行穿麻袋式西装。这种西装起源于狩猎装和劳动服，是典型的休闲服装，但结合了英式军装上的部分结构，诞生了现代英式西装。现代英式西装在它卑微的起源中找到存在的目的，那就是除了实用性和功能性之外，它可以通过专注于合体性设计来表现穿着者的身份。在英国，特别是伦敦的萨维尔街，当时已成为所有注重服饰的绅士们的重要聚集地。

促使英国成为高级缝制起源地的另一个因素，是其世代传承、历史悠久的面料制造业。今天在英国仍然有许多专门面向高级男装定制的高级羊毛和精纺面料生产商。

英式高级男装通常有几个明显特征：衣身的线条流畅、轮廓优美，**胸部**和臀部较宽，精致的收**腰**设计。肩部和**胸部**较为宽厚，衣身内部衬以多层胸衬。袖头经常用袖山头布条包缝住，使用袖山头是便于进一步塑造肩型。

英式高级男西装

英式高级男西装

那不勒斯高级男装

与所有意大利南部城市的风气一样，那不勒斯市也是将男装从普通生活用品逐渐进化成了高级服装，并演变成为极具影响力的代名词。从保守的英式男装流派的角度来看，那不勒斯的裁缝师们设计的男装更为轻便、线条更加柔和，这就是现在为世人所知的那不勒斯风格，需要裁缝师具有对工艺制作的精确理解，才可以达到西装结构和轻快风格之间的完美平衡。也许这是因为那不勒斯的气候比伦敦暖和多了，也或是因为意大利的绅士们对于个人风格和日常生活都更为随意。

款式宽松、简洁的意式西装风格，意大利语称为"休闲西装"（Sprezzatura），已经成了那不勒斯男装风格的代名词，并在世界各地获得了极高的认同。而那不勒斯式的缝制方法也在其他国

意式高级男西装

意式高级男西装

际性男装流派的审美演化中扮演着重要角色，尤其是法式男装流派，法式男装的裁缝师们至今仍标榜自己主要采用的是意大利传统的缝制技术。

根据款式上的部分细节就可以容易地辨识出那不勒斯男西装，最明显的是西装的肩部造型：袖山顶部被柔和地聚拢，自然地归集到袖窿处，肩线下没有不必要的垫肩。这种解构风格的袖子，被称为"衬衫风格的袖子"（Spalla Camicia）"，在夏季是最受大众欢迎的男装款式；而在寒冷的冬季，那不勒斯裁缝师们则会推出一种装有垫肩的袖子，这种垫肩比起英国同行们的传统西装垫肩更为柔软。那不勒斯西装结构往往较为简单轻便，胸部没有任何胸衬或填充料，衣片也往往只使用部分衬里，这使得男装具有更好的透气性。

关于意大利男装流派的最后一点说明，必须要重点澄清：轻便的结构设计并不意味着服装不具备完美的合体性，许多意大利裁缝师都为自己能制作出造型完美并精致修身的男装而深感自豪。

美式高级男装

美式高级男装的制作开始于20世纪中叶。在此之前，美国本土的缝制工艺主要是借鉴移民新大陆的意大利裁缝师的制作传统。最能代表美国高级男装的西装廓形是常春藤联合会西装，这种新颖的款式最早出现在美国20世纪20年代，并在50年代风行一时。作为参加那些进入美国知名时尚学院的年轻人的首选西装，这种原本量身定做的西装外形逐渐演变成休闲的箱型轮廓，彻底摒弃了其严肃商务装的起源特征。

"美国运动服装"的风格和理念受到年轻人的认可和欢迎，促进了人们对休闲、运动的生活方式的追求，这种被简称为运动西装的款式，逐渐被推向了更为广阔的大众视野。虽然这种西装外形主要是在美国受到大众欢迎，但事实证明，这种风格对乔治·阿玛尼的服饰审美也产生了很大的影响，而后者又在整个20世纪80年代的西方时尚造型领域扮演着重要

美式高级男西装

美式高级男西装

的角色。

美式高级男装的主要特点是：造型宽松自然，结构线和省道设计并不追求高度的合体性，西装常配以轻薄的垫肩，并塑造成自然的肩型。美式男装的肩宽略宽于欧式男装，驳领**串口线**也会设计得更低一些。

高级男西装与时尚流行

正如我们在讨论主要流派时所观察到的，本书非常有必要详细阐述具体的男装制作技术，这是在传统定制服装之外，探索现代男装结构制作与高级手工艺完美结合的更多可能性。

目前已有几家服装公司凭借高级男装在业界建立了很高的声誉，虽然这些服装不具备传统款式的比例或细节，但却是采用类似的工艺方法制作而成的。

亚历山大·麦昆

亚历山大·麦昆凭借着高超的手工艺和立体裁剪技术，在女装界建立了自己的设计地位。亚历山大·麦昆早期曾在安德森和谢泼德时装屋（位于萨维尔街的著名高级服饰定制店）担任学徒。麦昆喜欢在男装设计中采用大量的手工制作，其中一些作品衍变成手工精制的男式商务装和晚礼服。在男装造型、结构和细节上，麦昆的设计表现出了某些大胆的突破，这个特点后来成为他的个人设计屋的品牌标志。

贝卢蒂

贝卢蒂最初是一名男鞋定制师，后来进入高级成衣和高级男装定制行业。贝卢蒂擅长采

亚历山大·麦昆，2014年春季高级男装发布会

贝卢蒂，2015年春季高级男装发布会

用英国和意大利生产的高级面料制作服装，开创了基于传统款式的新式男装美学。有时候，他也会借鉴和参考历史进行设计探索和创新。贝卢蒂对色彩的运用手法，反映了他与意大利传统高级服饰制作之间密不可分的文化联系。

汤姆·布朗

凭借大量造型创意作品和结构设计上的技术性突破，汤姆·布朗逐渐在传统定制的高级男装界声誉鹊起。这位设计师的时装秀上展示了不可思议的奇妙视觉效果，将手工艺的应用推向了令人惊叹的艺术和创新的巅峰。有趣的是，这位设计师的前卫审美已经成功地转变为颇受欢迎的商品，欧洲、美洲和远东的商人都纷纷向他订购紧窄瘦身形的男装。

汤姆·布朗，2014 年秋季高级男装发布会

海德·艾克曼

与汤姆·布朗的风格正好相反，来自比利时的设计师海德·艾克曼则尝试通过作品来探索面料材质、织物色彩和悬垂性的各种可能性。海德·艾克曼的高级定制作品使用奢华的羊毛、丝绸、棉以及亚麻等天然纤维混纺而成的闪亮织物制作而成，多呈现明亮的色调。

海德·艾克曼，2014 年春季高级男装发布会

这里只简单介绍了几位男装设计师在演绎高级男装制作时的大致特点，重点要牢记：手工艺，尤其是手工制作方法，仍然是奢侈品定义的核心。无论你的目标是成为传统的裁缝师，还是银行家或律师们的高级西装定制师，抑或是探索男装设计的创新领域，学习者都可以在本书中找到类似高级男装的制作方法，通过不断的实践和练习，可以有效提高作品的水准，以适应这个充满需求和日益增长的市场需要。

高级男西装制作常用的裁剪、缝纫工具

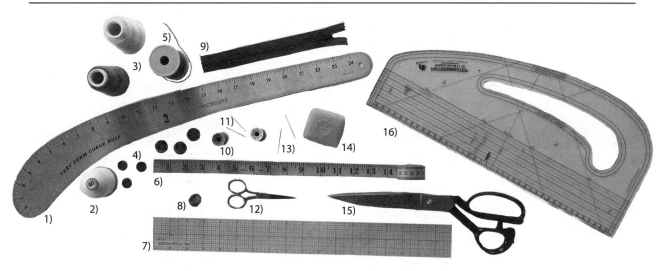

高级男西装常用裁剪、缝纫工具，从左到右分别是：1）金属曲线板；2）粗棉线；3）常规缝纫线；4）纽扣；5）纽洞辫带；6）软尺；7）透明尺；8）顶针；9）拉链；10）丝光线；11）大头针；12）小剪刀；13）手缝针；14）划粉；15）大剪刀；16）透明曲线板等。

弯柄裁缝剪刀

这种剪刀是为了能更方便地精确裁剪面料而专门设计的。使用时，由于剪刀的手柄弯向上方，不接触裁剪面，所以剪刀可以沿着面料表面移动裁剪，不会触碰或扭曲事先铺好的面料。一把25.4到30.5cm长的弯柄剪刀基本上就能满足裁缝师的制作需要。弯柄剪刀的刀口如果经过擦油并打磨的话，会非常锋利。这种剪刀不能用于剪割除了织物之外的其他物品。

纱剪

一种锋利的小型尖头剪刀，适用于修剪小块面料或线头。

划粉（笔）

一种白色黏土制作的划粉笔，专门用于将纸样上的标注转移绘制到服装面料上。划粉笔的边缘使用前应先削尖，这样才能绘出清晰细致的线条。黏土制的划粉笔记号不需要时可以轻易地被刷走，不要在划粉笔绘制的标记上熨烫，因为受热后的划粉痕迹很难从面料上去除。深色的划粉（笔）主要用于绘制衬里布上的标记。

软尺

测量人体的必备工具。软尺正反面分别印有英寸制和厘米制标准尺寸。有些专门设计的软尺可以测量裤装的内缝长。这种软尺在末端都有一个硬卡夹头或金属夹头。夹头端夹住裤内缝顶部进行测量的，与普通软尺的手持端测量方法不同。塑料制的软尺比布质软尺更受欢迎，因为布做的软尺容易起皱。

量尺

一种可以伸缩的透明塑料尺，适用于测量纸样或面料上的曲面尺寸，测量精确度与平面上测量的结果非常接近。注意：这种量尺不能放置在熨斗附近！

大曲线板

一种线条流畅的曲线板，是绘制和修改纸样的必备工具。

直大头针

女装设计用的中粗大头针，或丝绸面料专用的细大头针，都是直大头针。直大头针适用于各种缝纫工艺的需要。

粗棉线

40到50号的白色棉线称为粗棉线，手缝时具有易断易清理的特点。

常用缝纫线

丝光处理的棉线，从0号到00号，有各种型号可供选择。棉线与A号丝线，均是适用于手缝和机缝的常用缝纫线。

锁纽洞专用线

8号丝光线最适合手工锁纽洞，也适合钉扣。这个型号的线较粗，由六股纱线松松地缠绕在一起，每股线都可以抽出并单独使用。如果锁洞眼找不到8号丝光线，D号纽洞专用线也适用。

辫带

一种硬挺的细滚条，有各种颜色可选用，可匹配不同颜色的西装，主要用于手工锁眼的边缘加固。

蜂蜡

裁缝师用蜂蜡浸裹手工缝线，以防止缝线打结或绞缠在一起。手缝的明缉线，需要将缝线浸过蜂蜡并夹在两层纸中烫压，这道工艺可以让缝线的每股纱都能保持平整顺直。

裁缝用顶针

作为一种保护中指的小工具，裁缝用顶针下的手指指段是推针穿过织物的用力部位。裁缝用顶针的顶部是开放式的，可自由取摘。顶针松紧度可以调节，顶针宽度可保护使用者的半个指端，顶针极易使用，使用过程中方便舒适。

手缝针

手工缝针是专门用于手缝的针，有多种长度和粗度之分，类别可为尖头针和钝头针。钝头针较短较粗。尖头针有中长针和长针之分。在每个类别中，针的型号是以数值排列的，数值越大，针就越短、越细，通常一根7号尖头针就可以满足所有的服装手缝工艺的需要。

纽扣

根据绕过纽扣直径的线圈数来选择纽扣尺寸。40根线对应一英寸直径的纽扣。西装前片通常使用30根线纽扣，袖片、衬里内袋、马甲前片、西裤门襟及裤后袋可以用24根线纽扣。经典西装上采用坚固的牛骨或牛角纽扣效果最好，塑料或树脂制的纽扣容易碎裂，纽孔上锋利的边缘经常会磨断缝线。

西裤的子母扣（抓扣）

如果西裤准备用子母扣作为门襟闭合件，最好选择机器夹压固定的金属抓扣，机器夹压比手工定缝更为牢固。

拉链

男西裤的裤门襟宜选用较为坚固的金属牙拉链。拉链长度应比裤门襟长出最少2.5cm。

细平布（坯布）

一种薄型棉织物。裁缝师常使用细平布制作高级成衣的样衣，用来进行客户试样和校正尺寸。

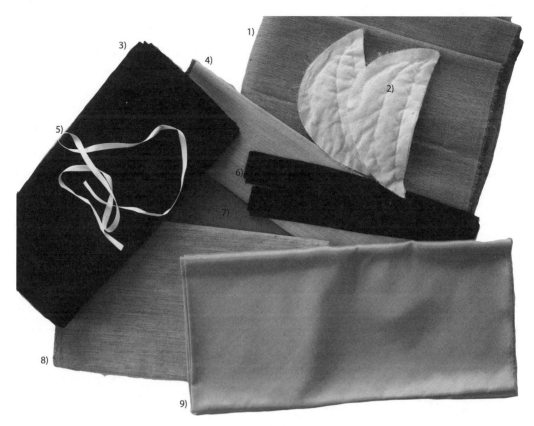

高级男西装常用辅料，从上到下分别是：1）中厚型胸衬；2）细布面肩垫；3）法兰绒敷料；4）马尾衬；5）镶边带；6）袖山滚条；7）法式麻布领里衬；8）轻薄型胸衬；9）里料。

羊毛胸衬

羊毛和毛发经机织后制成胸衬，主要用于塑造西装胸部的造型。羊毛**胸衬**可为服装面料提供柔韧性和支撑，减少面料表面上易出现的皱折。羊毛**胸衬**使用前应先在冷水中浸泡，并滴干熨平，这样做的目的是防止成衣后出现缩水皱缩。

马尾衬

一种硬挺的衬料，原料选用棉纤维和毛发，主要用于支撑西装胸部和肩部的胸衬。

法兰绒敷料

一种柔软棉质的法兰绒面料，通常为白色或灰色，多用于覆盖在马尾衬上，目的是防止较硬的马尾衬纤维直接碰擦到穿着者的身体。

口袋布

未上过浆的梭织棉布，由于质地紧密、牢度高、手感软，常用于制作口袋的里布，也可用作牵条来加固西装和西裤上的某些受力部位。

衬里（布）

一种丝绸或聚酯纤维制成的手感光滑的薄型面料，主要用于覆盖住西装的里衬，方便服装的穿脱。虽然衬里料需要具备轻薄且柔软的特性，但也必须要有足够的强度，来承受长期连续的穿着使用。注意，经常性的穿脱磨损，真丝纤维比其他纤维更易老化。

（驳领）领底专用麦尔登呢

一种坚固的羊毛织物，有多种颜色可选择，可搭配不同颜色的西装。麦尔登呢常用于塑造线条优美又挺括的西装驳领。

法式衬布

一种硬挺的亚麻衬料，主要用于加固和支撑领底和西装前片肩部位置的胸衬。

腰带衬（腰衬）

由两层硬挺的衬料顶部缝在一起制成。腰带衬用于支撑腰带位置的衣身面料。

垫肩

包裹着细平布的外形美观的棉垫。垫肩主要用于塑造丰满的肩部形状。

袖山头

一种裁成细长条的棉垫或羊羔绒，并粘烫斜裁的羊毛衬料进行加固，可直接缝进袖片的袖山顶部。袖山头的作用是撑起袖山顶部，塑造出流畅、美观的袖臂形状。

斜纹棉布牵条

宽约1cm的斜纹棉布条，主要用于加固驳头的外边缘和西装前片的定位。牵条使用前须先浸泡于冷水并熨干，这样做的目的是防止制成成衣后牵条出现皱缩。

高级男西装制作常用熨烫工具

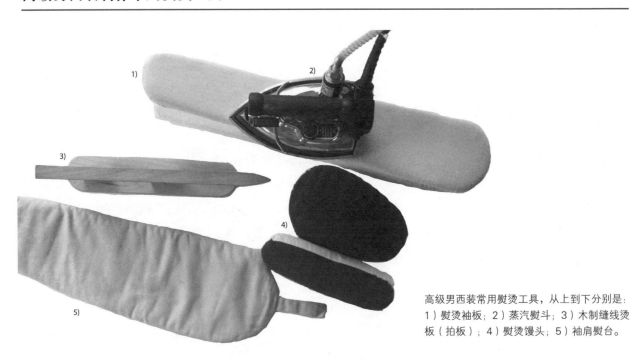

高级男西装常用熨烫工具，从上到下分别是：1）熨烫袖板；2）蒸汽熨斗；3）木制缝线烫板（拍板）；4）熨烫馒头；5）袖肩熨台。

重型熨斗（无蒸汽）

重型熨斗是重约12磅或以上的大型熨斗。很多裁缝师都喜欢用重型熨斗。因为比较重，所以面料熨烫后外观更加平整，服装的穿着效果也更为贴体。

蒸汽熨斗

可提供大量蒸汽的缝纫用熨斗，比较受不擅长操作重型熨斗的裁缝师们的欢迎。

袖烫板

一种小型熨烫板，适用于袖子和服装上某些难以铺开的局部位置的熨烫。

熨烫馒头

一种表面使用烫布紧紧包裹，内有填充物的小型熨烫台具，填充物最好使用锯末，熨烫馒头有多种形状和尺寸。

压褶板

一种特制的木板，一边呈弧形，一边呈直线形，主要用于熨烫面料的表面，或制作立体膨起的褶裥效果。

毛刷

用于清理面料以及服装上某些细节部位的工具。

熨烫垫布

柔软的棉布，尺寸可任意裁剪，主要作用是垫在服装与熨斗之间，避免面料与高热的熨斗直接接触。垫布在和无蒸汽熨斗一起用时，还可以浸湿高温熨烫出蒸汽效果。

熨烫手套

熨烫手套是操作中佩戴在手上的，用于辅助熨烫那些不能在熨烫馒头或平面熨烫板上操作的部位，例如服装的袖山和肩部等位置。

高级男西装制作的熨烫工艺

熨烫是高级服装制作中必不可少的一个环节。除了能消除面料的折痕之外，熨烫也使得省道和拼缝线干净平整，熨斗还用于塑造面料的立体形状，在高温蒸汽和高压的作用下，衣片根据需要被熨烫收缩（归）和拉伸（拔），归拔处理后的成衣外形更加美观合体。

熨烫过程中的温度、蒸汽、湿度以及压力的控制取决于面料的重量和质量。因此，在使用熨斗前，有必要用面料边角废料先尝试下熨烫效果。如果熨烫的温度设置得过高，面料的纤维会被烫平，面料表面出现极不美观的极光；如果烫布太湿，面料会被烫缩，失去原有的光泽。

羊毛面料湿润时受热极易变形，因此，熨烫时不要将熨斗放在羊毛面料上前后移动，这样不仅会拉长面料，面料的丝缕也会歪斜。正确的做法是：垂直提起或放下熨斗，并重复这个动作来进行熨烫。烫布在熨烫中必不可少，烫布垫在熨斗和服装面料之间，可有效保护面料不被烫坏。

平直的拼缝线可以在平面上熨烫。但是，如果服装上的立体曲面放在平面上进行蒸汽熨烫，在熨斗平面的烫压下，面料的蓬松度会被烫缩，直至整个立体形状被烫平。因为这个原因，服装上的立体曲面均应铺放在熨烫馒头上熨烫，馒头会支撑起面料上的立体形状。以这种方式蒸汽熨烫立体曲面不会导致面料的收缩，因为面料会沿着下方馒头的形状被熨烫定型。

使用无蒸汽熨斗，最好的熨烫方式是在面料上铺一层大小相当的湿烫布（不能滴水），然后把加热的熨斗放在烫布上，直到烫布上产生蒸汽。当面料被蒸汽包围时，同时用熨斗给面料施加压力。在蒸汽持续产生时，移开熨斗和烫布。如果你烫的是服装的立体曲面，应将面料铺在馒头上晾干。如果馒头里填的是锯末，木材刨花可以很快地吸收掉湿汽。如果是在平面上熨烫的面料，可以直接将服装挂起来晾干。在提起熨斗之前，将面料完全烫干将会烫平羊毛织物的纤维组织，从而缩短了面料的使用寿命。

一些精纺面料或厚重型羊毛织物需要熨烫时施加更多的压力，才能熨烫成型。在木质烫台上熨烫时，需烫平的部位可以在面料被喷蒸汽时，用一个拍板重重地均匀拍击，在重击、吸风机以及木质烫台的共同作用下，常常能塑造出完美的平整、硬挺的衣边形状。

如果面料上因为温度过高或压力过大而出现极光，可以通过喷一些蒸汽来消除这些极光，然后用软刷轻轻地将羊毛纤维刷回原位。

初学者通常会犯一些操作过度的错误，例如面料的过度给湿、过度熨烫和拍打面料，这样都会使面料内外受损。记住，操作不当极易缩短面料的外观寿命，因为许多斜向和半斜向裁剪的毛边都极易被拉伸变形。如果服装的每块裁片在制作中都能被轻拿轻放，不用时被整齐地叠放在一边，那么裁片需要熨烫的次数也会大大减少。

高级男西装制作的手缝工艺

如果你不经常手缝的话，我们几乎可以确信手缝开始时你会遇到下列问题：

- 缝线剪得太长；
- 针脚拉得太紧；
- 拒绝使用顶针，直到手指被扎出血为止。

如果你能快速掌握初学阶段的制作要领，你就给自己省去了很多麻烦。

手缝针穿长线，并不意味着你穿线的次数会少一些。恰恰相反，那将意味着你手中的线会纠缠、打结，你将不得不一次次剪断缠在一起的乱线，缝制效果也不如人意。手缝线应长短适中，长度以不需要每一针都伸长手臂来缝纫为宜。如果还有打结的麻烦，将手缝线在蜂蜡里拖过，裹上一层润滑的蜡油。

拉紧手缝线需要认真仔细，保持注意力集中，如果手缝线拉得过紧，这些糟糕的针迹常常会清楚地显露在服装的正面。没有必要把几层面料紧紧地捏在一起，任何穿过服装正面的针迹都只是挑起面料上的一根纱线轻轻地穿过，不破坏纱线在面料正面的外观。

高级定制比其他手缝工艺更需要顶针，因为手缝针穿过几层面辅料需要更大的推力。裁缝师专用顶针的头部是开放式的，这是为了便于使用者佩戴。支撑顶针的是手指中部，而不是指尖，才是推送手缝针的施力部位。手缝时，你只需将顶针佩戴在中指上即可，手指会自动上下调节，以适应顶针的粗细。

高级定制服装中需要多排手工绷缝线迹来固定。如果两层需对齐的面料能平铺在操作台上避免偏移的话，绷缝会更顺利，位置也更准确。绷缝时，一只手固定住面料，另一只手扎缝，这样操作起来方便快捷，针迹也美观工整。

棉线绷缝针法（打线钉）与其他的手缝针法一样，缝纫时应避免张力过大。由于绷缝只是临时固定用的，所以缝纫时，注意缝制位置是否准确，而不是缝制外观如何。每一行绷缝都是以回针开始的，目的是保证起始线头不会松脱。绷缝（线钉）的末端不要打结，因为结头会使得线钉难以去除，对衣片的下一步工艺制作造成不便。

下图列举了部分常见的手缝针法，其他针法将在本书相关内容中介绍。

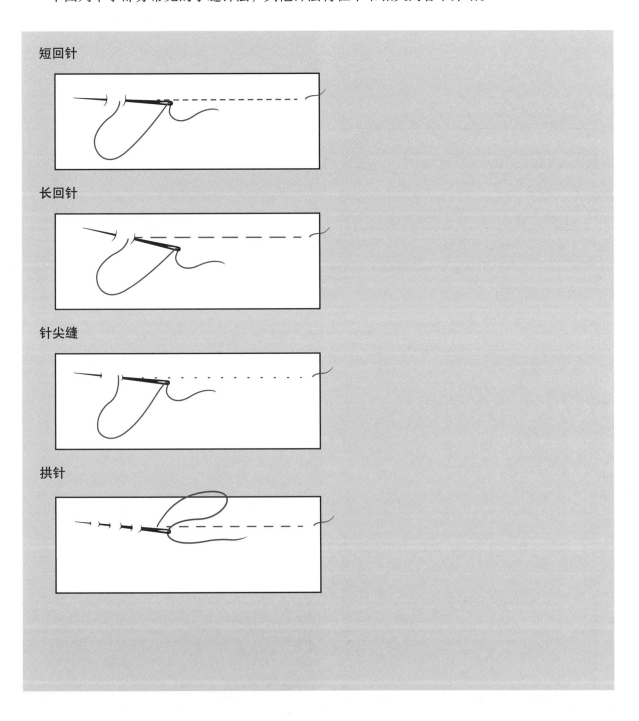

短回针

长回针

针尖缝

拱针

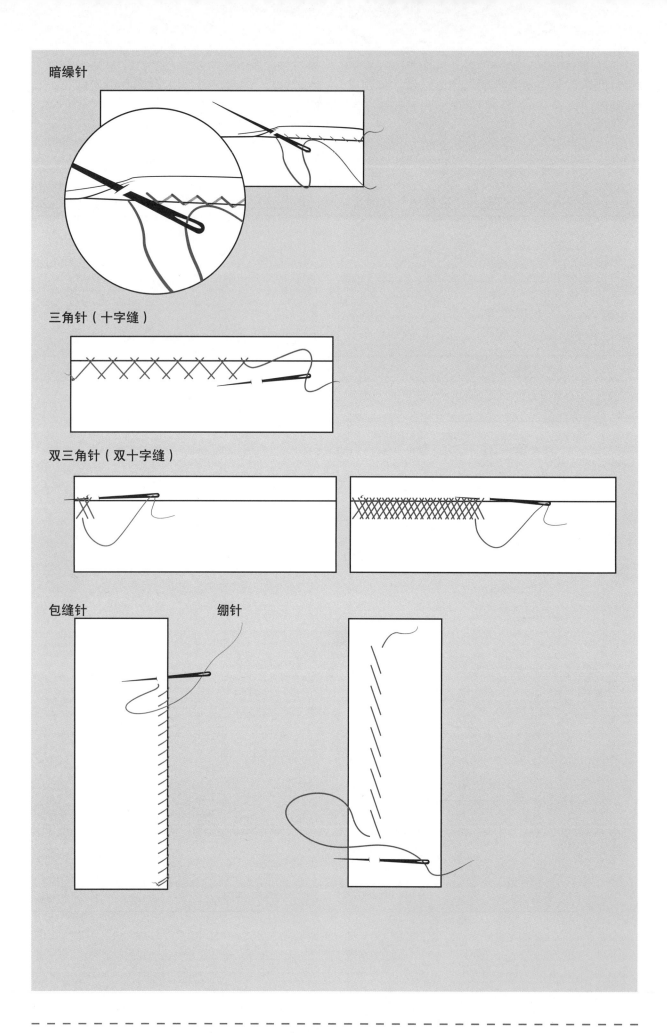

暗缲针

三角针（十字缝）

双三角针（双十字缝）

包缝针　　　　　　　绷针

锁缝针

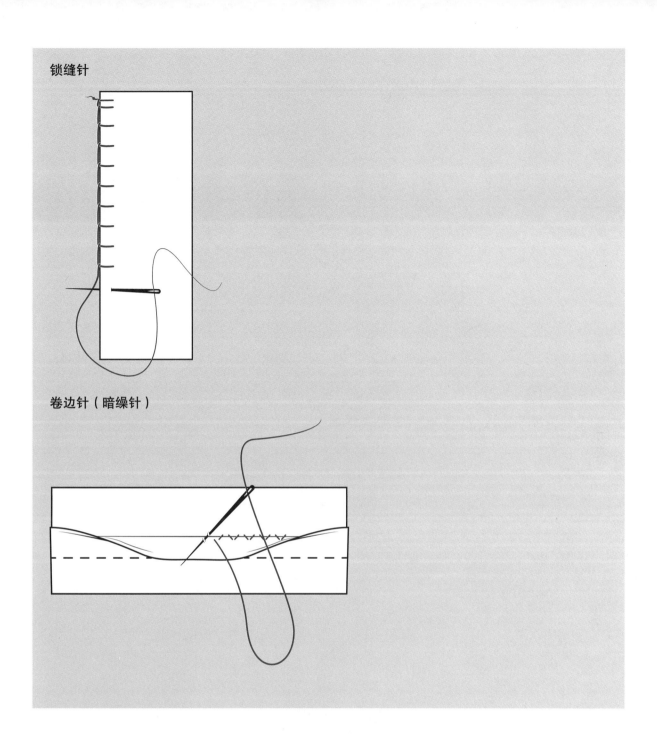

卷边针（暗缲针）

第二章 高级男西装纸样设计与制作

高级男西装人体尺寸的测量

本章将介绍高级男装定制裁缝师常用的标准人体测量方法，他们根据这种方法测量的尺寸绘制出的客户纸样，可以做到既合体又舒适。在测量的同时，男装裁缝师们也会记录下客户体型的重要信息，例如，客户是否是驼背体型或后仰（过度直立）体型，客户的肩型是平肩还是斜溜肩，客户是外翘臀还是扁平臀，客户的小腹是否外凸，客户是否是高低髋骨或高低肩型等特征。

为了获得客户自然放松状态下的体型尺寸，高级裁缝师们会在量体时挪走客户面前的镜子，毕竟，任何人站在镜子前，都会不自觉地收腹挺胸，而这时候量体采寸的话，制作出来的西装就只能适合站在镜子前的客户穿了。

在制作纸样时，高级裁缝师应根据体型特征，按照美学和舒适性的需要，合理而巧妙地进行纸样的设计。

如果你还不是一个经验丰富的纸样师，你可以选择购买商业纸样，买来的商业纸样需要针对客户体型做一些合体性和款式方面的调整。这样修改后的纸样是否完全符合客户体型，还需要制作白坯布样衣，并根据客户试穿效果进行再次调整和改进。

因此，本章采用的标准人体测量方法，最适合被初学者用来挑选最接近客户体型的商业纸样，这些纸样只需调整各个衣片的长度即可，纸样上其他内容，最好在坯样制作好后，客户试样时被标记下再进行修改。

如何测量人体尺寸

测量客户身着最合体的西装上的 C、D、E、F 和 G 各点之间的尺寸。不要担心正被测量的这件西装不够完美，因为在后期的纸样修正和样衣制作中，我们仍然有机会改进西装的合体度。除了上述的几个测量点外，其他点位之间的尺寸需要客户脱去西装后进行测量，如果你准备制作的是三件套西装，那么西装的具体尺寸应该在客户穿着马甲时测量。

西装的人体测量

A. 胸围

胸围是在人体手臂下方，水平围绕胸部一周量取获得的尺寸。测量时，需确定软尺测量的是经过后背肩胛骨的中部，人体**胸部**最丰满部位的周长。测量时，需放两根手指在软尺下，作为服装的**基本放松量**，这样量取的尺寸可以为客户提供呼吸和基本动作的需要，既不会太松，也不会太紧。

B. 腰围

西装**腰围**的尺寸是客户穿着马甲时量取的，客户不能系扎裤子皮带。测量时客户保持自然舒适的姿势，测出的腰围不需要加额外的**松量**。人体的**自然腰围**是躯干上最细的围度，位于马甲腹部纽扣的水平位置。记住，西装腰围不是**西裤腰围**（J），西裤腰围较低，位于髋骨位置。

C. 袖长

袖长是从袖肩拼缝线到袖摆折边之间的长度，考虑到垫肩会在袖肩部形成的若干松量，测量时需适当放松软尺。

D. 肩宽

肩宽是从侧颈点（领底线）到袖窿顶点量取的肩部长度。

E. 背宽

大约在袖窿垂线的中点位置，从袖窿线到后中心线之间量取的水平距离。

F. 后背长（颈部到腰围之间的距离）

西装领竖起，沿着后中心线，从领底线到人体**正常腰围**之间量取的距离。

G. 后腰长（颈部到臀围之间的距离）

沿着后中心线，将软尺轻按在人体的**腰部**，量取从领底缝到西装下摆之间的距离。被测量的西装下摆应长至臀部以下位置。如果客户的西装是度身定制的改良款式，可以忽略人体的臀围高度，直接使用该西装的后腰长尺寸。

西装马甲（背心）的人体测量

西裤的人体测量

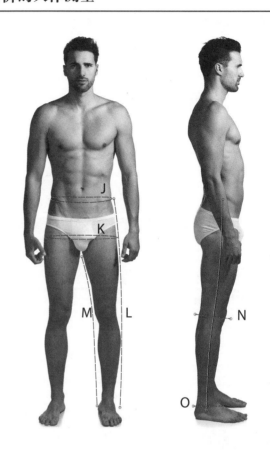

H. 西装马甲的领口线

使用软尺，从后颈点开始测量，环绕颈部，经过侧颈点，到达前中心线上的第一颗纽扣点而形成的马甲领口线（的总长度）。

I. 西装马甲的衣长

用软尺从马甲的第一颗纽扣向下直至马甲前片最长的底边线之间量取的垂直距离。测量时，牢记马甲前片的下摆要能盖住客户的皮带扣。

J. 西裤的腰围

现代流行的男裤很少是穿在**人体正常腰节**上的，这意味着**西裤裤腰**的尺寸要比**人体实际腰围**大一些。测量并记录下**西裤裤腰**和**人体正常腰节**之间的垂直距离，以备未来修改腰围使用。

K. 西裤的臀围

臀围的量取时，客户的裤后袋必须呈平整服贴状，口袋中不能放置任何物品，被测客户双脚并拢，软尺水平方向沿着臀部最丰满的部位围绕一圈量取的尺寸，测量时，软尺内需插入两指以提供臀围的**基本放松量**。

L. 西裤的外侧缝长

根据客户的实际体型，从较为舒适的**腰节线**位置开始，沿着大腿外侧垂直向下量至鞋帮中部所测量的尺寸。

M. 西裤的内侧缝长

根据客户的实际体型，从较为舒适的**腰节线**位置沿着大腿内侧，从裆部一直向下垂直量至鞋帮中部所获取的尺寸。客户量体前，先确认西裤各部位穿戴整齐。内侧缝顶部应位于**裆下 2.5cm 处**。量体时，不要刻意地纵向拉、扯或拖拽面料。出于对客户隐私的尊重，最好使用专门测量裤内缝长的软尺进行测量。这种软尺头部几英寸的位置有小块硬卡夹头，可抵住裤内缝顶点进行测量，这样裁缝师就不会触及客户的裆部位置。

N. 西裤的膝围

在膝盖位置从裤腿前挺缝线量至后挺缝线的围度长。这个尺寸实际是半个裤腿的膝围尺寸。

O. 西裤的脚口围

在西裤脚口位置从裤腿前挺缝线量至后挺缝线的围度长，和膝围尺寸一样，这样测量下来的尺寸实际是半个脚口围的尺寸。

西裤的门襟

从裤腰头顶点向下至**裆**弯初始点处量取裤门襟长。记住，客户量体时的裤子可能并不合身，所以为了获得准确的尺寸，你可以要求客户向上提起裤子，直到裤内缝顶点几乎碰到客户**裆部**为止；也可以根据目测得到的门襟长尺寸进行修改（或缩短），这需要大量的练习以获得实践经验。

西裤的裆部设计

测量时，如果客户穿着宽松裤衩或紧身裤，量取的尺寸则需要在**裆部**一侧增加额外的松量，以满足人体裆部器官结构的需要。询问客户习惯从哪一侧"穿脱衣服"，然后在裤子的相应一侧进行调整。

高级男西装纸样的选择

除非你具有很高的结构设计技能可以独立绘制出纸样，否则，你现在的任务就是认真、仔细地挑选某一类商业纸样，再根据客户体型和需要加以适当的修改，制作出美观合体的客户专用纸样。如果纸样制成的西装不合体，或款式不适合客户，那么，再好的细节设计也是一种浪费。

根据**胸围**尺寸选择相应的西装、马甲的商业纸样，根据**腰围**尺寸选择相应的西裤商业纸样。

西装纸样

在选择西装纸样时，要看款式的基本线条。这时不要关注纸样上的细节，如口袋的造型，是否有后衩，或纸样是否包括衬里布。所有纸样袋里用得到的是最基本的纸样裁片：西装前后片、侧片、袖片以及领底等部件，西装的其他结构你可以自行设计。

可根据自己的喜好选择商业西装纸样：可以是优雅、紧身的欧式型，也可以是休闲、宽松的美式型，而关于是单排扣还是双排扣门襟，是长**驳头**还是短**驳头**驳领，应选择最能修饰客户体型的局部设计，这些决定对于最后的西装效果至关重要，必须在完全围绕客户需要的个人化基础上进行。

观察翻领和**驳头**在**串口线**拼缝时的形状，然后选择你满意的西装纸样。**驳头**的宽度取决于设计师的审美喜好，同时也会受到时尚

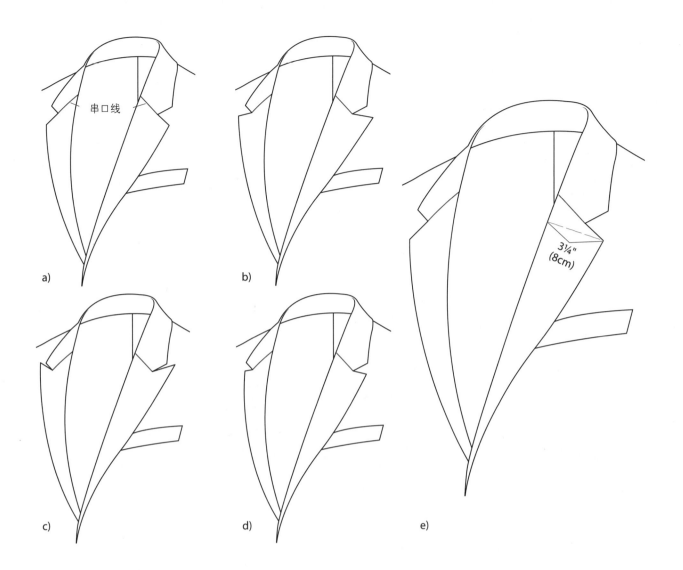

a) b) c) d) e)

串口线

3¼"
(8cm)

流行的影响。有一种经典的驳领宽，可以使西装款式经久不衰，它的尺寸大约是8cm，或宽度介于**驳头**翻折线到袖窿缝线之间的距离的五分之二到一半之间。记住，已经过时的宽驳领也需要修窄（见本书253页内容），但如果驳领已经很窄的话，西装就只能挂在壁橱里了，等到下次流行窄驳领时再拿出来穿吧。

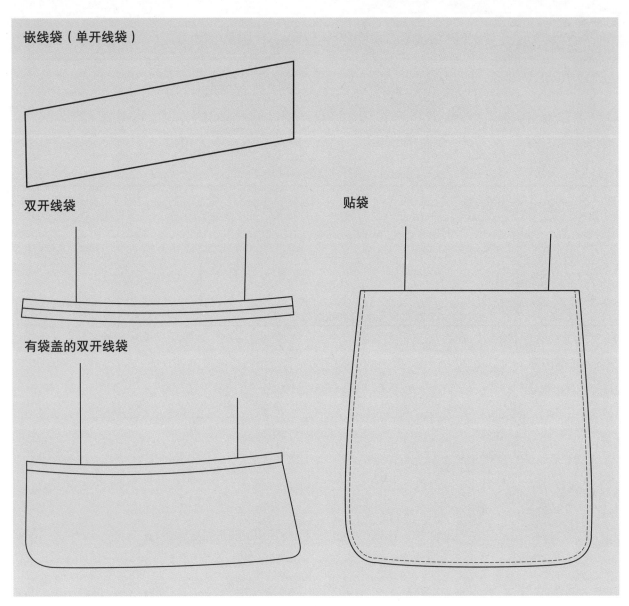

嵌线袋（单开线袋）

双开线袋

贴袋

有袋盖的双开线袋

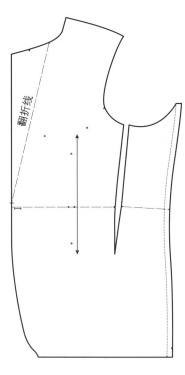

翻折线

你可能用**双开线袋**替换下纸样上的贴袋，如果纸样没有胸袋的话，也可以在胸部加上一只**嵌线袋**，你不需要翻阅纸样袋来做出每个细节变化。

如果你准备使用格纹面料，那么选择那种口袋下收省，无需拼缝侧衣片的商业纸样。这样的话，就不会因为拼缝线而无法对齐口袋下的格纹，口袋结构制作中对齐格纹也较容易。

西裤纸样

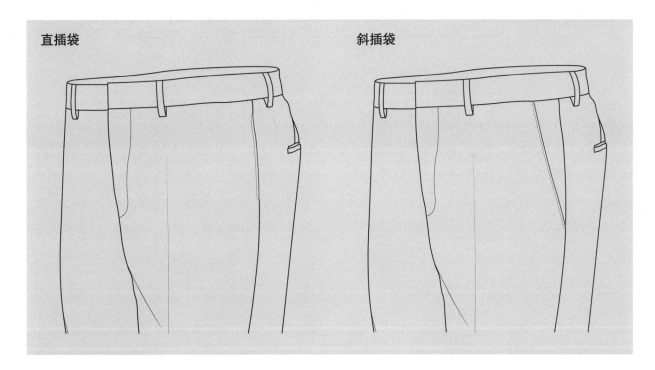

直插袋　　　　　　　　　斜插袋

　　在选择西裤纸样时，选择客户穿着感觉更舒服的**裆深**，并决定是否需要褶裥。

　　无论你喜欢哪种款式的口袋，最适合购买的商业纸样是直插袋裤样，而非其他类型口袋的裤样。直插袋裤样可以提供侧缝和完整的腰围线拼缝，这个纸样的口袋可以根据本书介绍的纸样修改成其他三种类型的口袋（如果你选

择了前裤片有褶裥的西裤纸样，你就不能再选择任何跨越褶裥位置的口袋款式，例如蛙嘴形口袋或西式口袋）。

　　裤腿的宽窄不应是选择纸样的关键因素，因为裤腿宽度的修改（见本书262页内容）不是重要的局部调整，裤脚折边的增减也容易操作（见本书28页内容）。

西装马甲纸样

　　传统的高级男式马甲通常是单排扣门襟设计，前衣片配有两只或四只**嵌线袋**。检查手中的商业纸样，仔细观察马甲的前衣片是如何延展至后衣片的颈中心的。

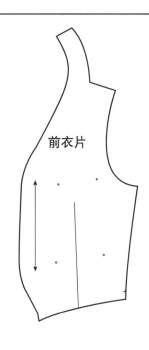

前衣片

初期纸样的修正

西装领的翻折线

　　如果商业纸样上的**驳头**没有翻折线，就需要在纸样上画出翻折线。绘制翻折线是从西装门襟的第一粒扣位下方1.6cm处开始，斜向上连至侧颈点向后中心方向延长1cm的肩线延长线上。翻折线的上下两端均需剪切刀眼作为标记。

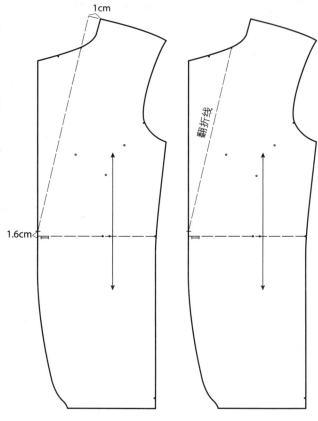

西装的肩线

　　西装后肩线比前肩线至少要长出1.3cm，这是为了满足人体肩臂主要是向前运动的体型特征。测量纸样的前后肩线长，如果两线等长的话，须将后肩线延长1.3cm。

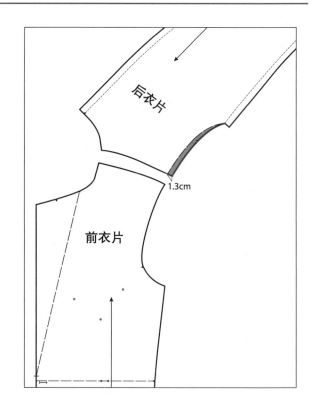

西装的开衩

如果你准备为无衩西装在后中心位置加上一个衩，可以在后中心拼缝上直接向外加上衩量，上端衩量加上5cm，下端衩量加上7.6cm。后中心衩的上端位于**腰节线**下约2.5cm处，后衩长通常随着款式不同而有所变化。

侧衩常常比后中衩更难呈现美观的闭合状。因此侧衩下方（侧片上的部分）需要裁得更宽一些。在侧片后方拼缝线上，从**腰节线**下约3.8cm处开始向下绘制侧衩，侧衩的上端衩量放出6.4cm，下端衩量放出10.2cm。

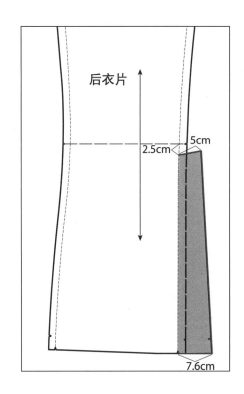

西装后片的侧衩是在后片两侧拼缝线上加放3.8 cm衩量，从**腰节线**以下约3.8 cm处开始一直均匀加到西装下摆。

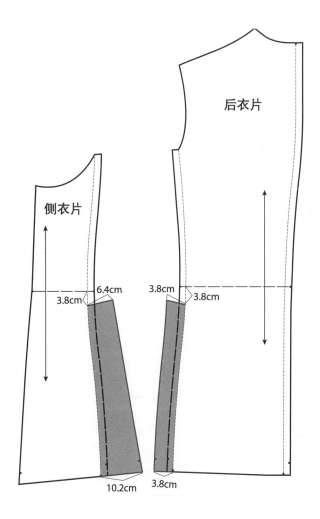

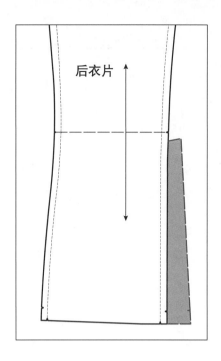

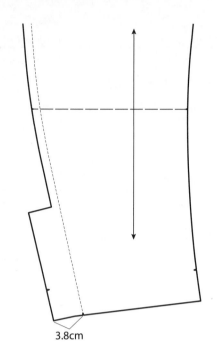

3.8cm

如果你购买的商业纸样上有后衩或侧衩，而你并不打算制作任何衣衩，你可以直接将衩的翻折线修改成净缝线，然后在净缝线外加上缝份后，再将多余的衩量剪掉即可。

如果大小袖片上的袖衩宽较窄，离袖衩翻折线不足3.8cm的话，要将袖衩边与翻折线之间的距离增加到3.8cm。

挂面的修整

如果挂面纸样的外边缘与弧形的西装**驳头**的一样呈弧形，那就需要重新绘制挂面纸样。绘制的过程并不简单，但只有这样才能制作出高品质的成衣。

我们重新绘制**挂面**纸样，为的是让**挂面**纸样上的**驳头**边能对齐面料的直丝缕，这对于挂面这一层面料的塑造和外观至关重要。另外，我们还要给**挂面**增加一些**放松量**，以满足**驳头**翻折的需要。

这些修改虽然都是细节问题，但只能在坯样试穿后，西装的前片纸样已经完成修改的情况下进行。

以西装前片纸样为模板，在标签纸或棕色牛皮纸上绘制一块新的挂面纸样。沿着西装前片纸样描图，分别在肩部、领部和**驳头**顶端留出1.3cm宽的松量。挂面纸样的前边缘是一条直线，它从驳头中部垂直向下直至西装底摆下

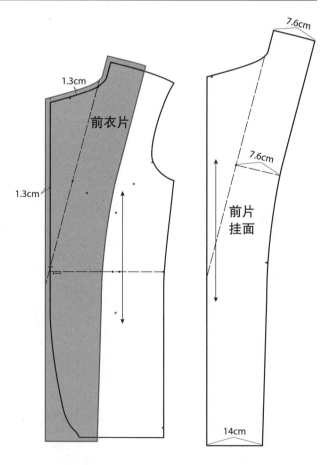

方1.3cm处。

挂面的前边缘形状与西装前片的边缘形状此时并没有完全吻合。在后续工艺中需使用蒸汽熨斗对挂面形状进行归拔定型。

在挂面纸样上标记下**驳头**底端和**腰节线**的对位刀眼，并移走西装前片纸样。

挂面越过驳领翻折线并延宽7.6cm，沿着肩线也延宽7.6cm。圆摆西装**挂面**底摆应为14cm宽，而直摆西装的**挂面**底摆则宽约10.2cm。

在**驳头**的上缘线，距离领尖约1.3cm处加上缝份刀眼，至此，挂面纸样全部修改完毕。

西裤的门襟

西裤门襟的里襟，不应包含在西裤前片的纸样中。如果前裤片纸样上绘有里襟结构，应将里襟部分剪下，并在剪开处加上缝份。用刀眼在西裤**腰节线**上标记出门襟缝份的位置。

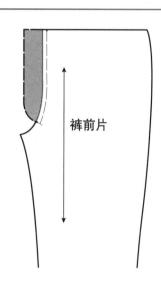

裤前片

西裤的裆部设计

如果客户是穿着宽松内裤和紧身西裤进行量体的，那么将需要更多的面料在**裤裆**一侧为私密处留出更多空间。测量时，要先询问客户习惯从哪一侧"穿脱"服装。两块裤前片裁剪时，在**裆部**都要增加6mm~1.3cm的面料，不需要**放松量**的那一侧裤片上需将多余的**放松量**修剪掉。

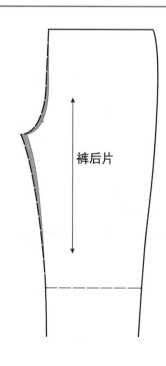

裤后片

西裤的内侧缝

　　裁缝师们常常会在每块后裤片中缝多留些缝份，以备后期修改裤片使用，这意味着当裤内缝被缝合时，裤后中缝将比裤前中缝宽出约1cm的缝份。商业纸样为了避免使用中可能出现的纸样混淆，将前后裤中缝的缝份设计成相同尺寸。如果你想保守一点，为未来放宽裤形留一些余地（经常会发生的修改），可以修改后裤片纸样的裤内缝，从裆部到裤脚口在原有的缝份上再加宽1cm。

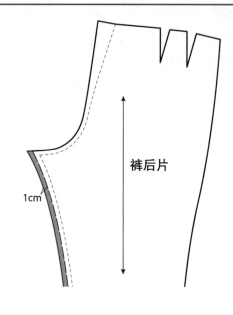

裤后片

1cm

西裤的脚口

　　如果西裤纸样上没有折边设计，而你需要在裤脚口增加一个折边，可以直接向下延长裤腿，直至满意的裤脚长度。通常纸样会长出至少三个折边宽的尺寸。一般常见的折边宽度是3.8cm。如果准备的面料充足，明智的做法是在脚口处多留出一些面料以备后期修改使用，因为西裤裤长的效果如何，只有在整条裤子制作完成后才能体现出来。

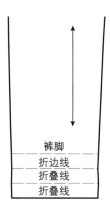

裤脚
折边线
折叠线
折叠线

西装马甲

　　马甲后片的侧缝缝份应比前片的侧缝缝份宽出1.3cm，以备未来可能修改用。马甲制作完成后，所有围度上的修改，都是通过调整后片侧缝的缝份来实现的，目的是避免破坏口袋原有的线条和形状。

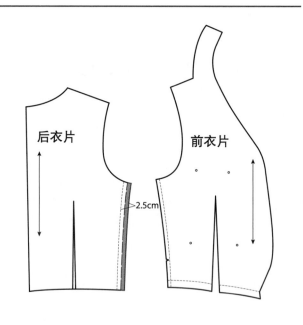

后衣片　　前衣片

2.5cm

纸样的加长或缩短

随着初期纸样校验的完成，西装、西裤和马甲的纸样上应标注出相应的加上或缩短的尺寸。然后再按照纸样上的这些需修改的尺寸进行下一步操作。一般上装衣长的设计准则是：西装应足够长，能刚好盖住臀部，西装马甲长度应能盖住西裤的腰带。这对低裆的西裤来说，是有一定难度的。西裤裤长应足够长，长至鞋后的中部，并在裤脚口下留出足够的空间。

如果你有过成功修改平面纸样的经验，此时你可能会希望对纸样做进一步完善，但如果你没有经验，或仅有一些纸样修改的失败经历，建议暂时不要做任何的改动，需要修改的部位会在客户试穿样衣时暴露出位置。

第三章 试衣与修正

样衣的制作

　　纸样修改好后，下一步是使用优质样衣面料裁剪制作主要的衣片，并检查是否合体。裁缝师们也不总是用坯布（也被称为是细平布）做成样衣来试样的。我们建议使用廉价的羊毛织物，因为羊毛织物制作后的外观效果更接近实际的成衣效果。样衣的**胸部**和肩部应加入**衬料**，这可以使用黏合衬或快速手工绷缝衬布来完成。

　　除非你是有着多年裁剪经验的老裁缝师，否则必须要制作样衣并进行试穿。廉价面料制作的带衬里布的样衣，就是高级成衣的高仿版，通过试穿样衣，你可以清晰地观察到（后面就能避免）因客户体型的独特性而产生的褶皱和拉痕，而商业纸样通常都是针对标准人体的"平均"尺寸的，这些不美观的褶皱明确地"指向"并凸显了客户身材的缺陷，例如外八字腿型（外翻膝）或突出的**坐围**。

　　如果你在成衣制作完成后才发现这些褶皱问题，已为时已晚，修改已经来不及了，但制作样衣就如同提供了一个预警系统，可以避免这类问题的发生。客户的八字腿型（外翻膝）或突出的**坐围**不会消失，而样衣上的皱纹则提示它们将会出现的位置，在成衣制作之前，造型工艺就解决了这个问题。

　　本章介绍的纸样修正方法适用于最常见的合体性问题。试样的过程是发现问题的过程，并确认需要调整的尺寸，然后再回到纸样上对相应的部位进行修正。

　　纸样修改时，需要在需要扩展的位置下方垫上绘图纸，以便绘制新的线条，并将增加的结构部分与原有的线条完美地融合在一起。

　　在修改过程中，曲线板是必不可少的。曲线板的线条与人体的轮廓线非常接近。修改时，应参照原先的线条弧度绘制新的线条，要把新的线条与原有的线条完美地连接起来，修改后的纸样就是最终成衣的形状。

　　如果纸样做了重大的修改，最好也相应地修改样衣，并让客户第二次试穿来对其进行验证，只有这样，你才能完全有把握地裁剪西装面料。

　　当你决定做样衣时，要意识到样衣做出的并不是完整的整套西装。西装样衣是只用样衣布裁剪前片、后片和侧片，用法式衬布（衣身用衬料）裁剪领底，不做**挂面**和领面，用划粉笔在样衣布上标明口袋、纽扣以及前门襟的位置。

　　这时候还不能裁剪样衣的袖片，当样衣衣身制作完成后，再一次测量袖窿，然后根据量取的尺寸来裁剪并制作坯布袖（见本书185页内容），所以现在不必考虑袖片。西装试样时需要装上垫肩，可以先使用购买的成品垫肩（本书165页介绍了制作垫肩的方法，建议在试样后，确定了垫肩最佳高度时再进行制作）。

西裤样衣应包含门襟拉链和腰头的制作，这样才能获得实际裤样的整体效果。口袋可以用划粉笔简单地标记位置。西装马甲的坯样不需要装**挂面**，划粉笔标记口袋和纽扣位置即可。

裁剪样衣布时要密切注意面料的**丝缕**方向。如果面料的丝缕不正，皱痕的方向非常具有误导性：可能表现为斜丝缕的垂感，而不是试样中的合体性问题。

将样衣上的缝份和省道对齐后车缝起来，并将拼缝展开烫平。

西装样衣应由身穿合身衬衣的客户试穿。我们根据衬衫领来确定西装领的高度。样衣下不能穿有毛衣，除非客户就准备西装搭配毛衣穿着。注意鞋后跟的高度，因为鞋跟的变化会明显改变裤子的长度。

整套样衣的第一个观感提供了客户整体形象的重要信息。西装和西裤应保持视觉上的平衡。通常西装的平均衣长是在臀部以下，但上身短、下身长的客户则需要比这个长度更长的西装，才能塑造出上下身平衡的较完美形象。

身材矮瘦的客户身着宽翻领和褶裥长裤的搭配组合，会给人留下过于沉重的印象。而身材高大魁梧的客户，长**驳头**的西装比起短**驳头**的西装更加适合这种体型需要。

上述的纸样经验也不是绝对准确的，制作者需根据自己的观察来做出判断。如确有必要修改的话，要根据手中的纸样说明来加长或缩短西装，然后根据本书后面介绍的方法进行款式局部细节的修改调整。

西装的修正

驳领：过宽或过窄

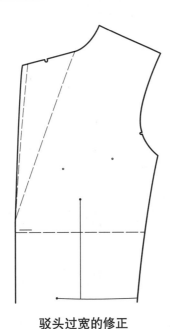

驳头过宽的修正

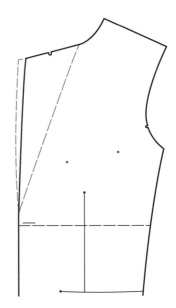

驳头过窄的修正

如果你想加宽或缩小**驳头**的宽度，应在**驳头**外边缘的顶点增加或缩减需要的尺寸，然后从顶点向下逐渐收窄，流畅地连接到翻折线的底端。

修改驳头的形状并不意味着**挂面**也可以修改，这些挂面将被舍弃，因为我们随后就要根据新绘制的驳头重新绘制**挂面**。

驳领：过长或过短

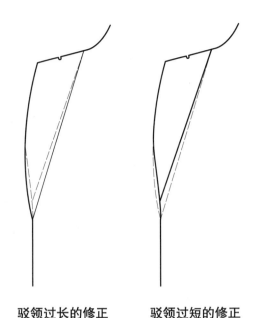

驳领过长的修正　　　驳领过短的修正

如果你打算拉长或缩短**驳头**，可以从现有的翻折线顶点向下绘制你感觉满意的翻折线，以这条新的翻折线为基准，西装的驳领逐渐收窄，与前门襟连成一条直线。

记住，如果驳领的改变过大，要从原翻折线与肩缝延长线的交点向下重新绘制翻折线，才能避免改动领座高的尺寸。

如果觉得有必要，整个领形也可以在领子结构制作时被重新设计（见本书169页内容）。

西装的平衡

随着服装外形风格问题的解决，我们将接着处理西装合体性问题。这一过程首先是修正西装上最明显的不合体问题，然后是细节部位的调整与完善，对主要合体性问题的修改常常也顺带解决了次要的细节问题。

最常见的合体性问题是那些因为客户的习惯姿势和不对称体型所导致的整体外形的失衡。如果客户的习惯姿势是屈身或过度直立，或体型就是高低肩，正常西装在这位客户身上是不可能平整服帖的。

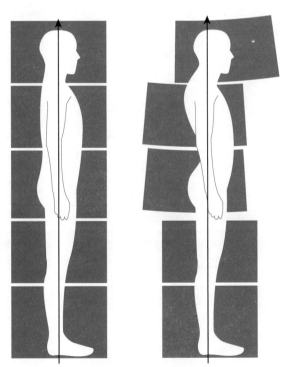
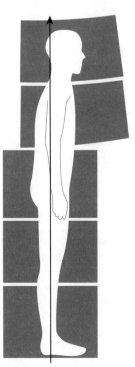
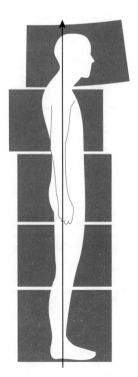

从左至右为：正常标准体型，过度直立体型（反身型），屈身体型，高低肩体型

屈身体型（前倾型）

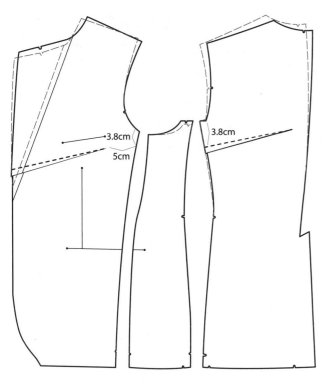

穿在屈身体型男子身上的标准西装，会出现衣片向后、向上拉扯的现象。为了防止出现这样的扭斜，需在西装纸样上将后侧缝袖窿下约3.8cm处的拼缝线进行部分折叠，折叠尺寸约为1.3cm至1.9cm，折叠后再将拼缝线绘制圆顺。

在前片纸样上，袖窿下约3.8cm处的侧缝线上，向内量取约5cm的位置开始向着驳头边缘方向画一条连线，在接近腰省省尖点的水平线方向，折叠驳头处面料，折叠尺寸约为1.3cm到1.9cm，然后重新描顺前片的驳头和门襟线。

将侧片的顶部修低，使得侧片后拼缝与调整后的后片纸样从腰部刀眼到袖窿的距离等长。

过度直立体型（后仰型）

过度直立体型男子身着正常的标准西装，西装会出现衣片向前和向上拉扯的现象。为了防止出现这样的扭斜，需在后片的袖窿下方约3.8cm的位置将后中侧缝的纸样水平剪开，剪口穿过后片一直剪到距离后片中缝约5.1cm处，剪口在侧缝处展开约1.3cm到1.9cm。

在前片纸样上，从驳头边缘向内距离侧缝线约5.1cm的位置水平剪开，剪口展开1.3cm到1.9cm的尺寸。

侧片的顶部也应被同时提高，这样侧片的后拼缝从腰线刀眼到袖窿之间的距离才能与拉长后的后片侧缝长保持一致。

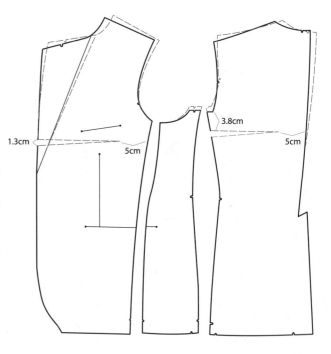

高低肩体型

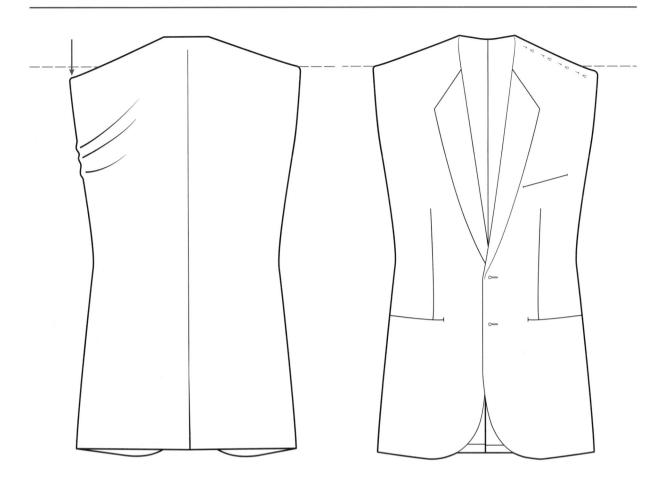

许多人的左右肩不在一条水平线上，这通常是因为工作原因所致，也有可能是因为长期保持一种不平衡姿势而逐渐形成的高低肩。高低肩体型的人穿着西装时外观有一个明显的特点：服装上斜向下的拉痕只会位于人体的某一侧，而西装的另一侧则没有任何拉痕。

用大头针沿着肩线将折痕抚平，并进行固定（如上图所示），然后标记下所需调整的尺寸和位置。

修改后的纸样显示适合高低肩体型的修正将使得肩深更大，肩线变得更斜，这样的修改结果使得西装的袖窿围缩小，对应地也需将袖片的袖山弧长缩小。如果不希望改变肩线高低，也可以使用另一种方法：在较低一侧的肩部下加垫一层垫肩来补充高度差，这样做的结果是这一侧的袖窿会变紧，客户穿着时会感觉不舒服。

事实上，上述修正并没有改变西装的袖窿形状，肩线修正必须在调整西装胸部形状时进行。肩线降低了是因为这一侧西装袖窿至**腰节线**之间的距离缩短了。虽然肩线的修改有些复杂，但是对改善高低肩是有效的。肩线调整后需要制作新的坯布样衣，如果你有足够的信心，能够直接在服装面料上的改正也是可以的。究竟采用何种方法，应根据操作者自身的经验水平来定。

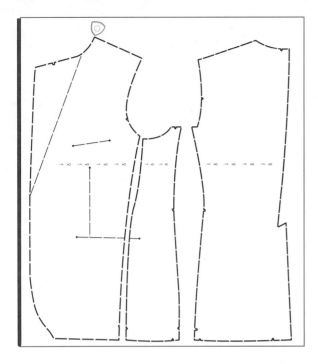

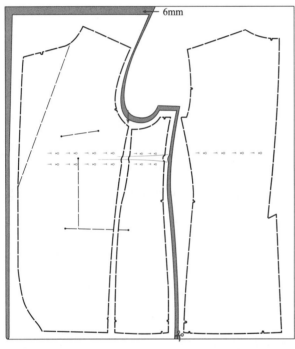

将西装的三块大身纸样铺放在准备好的面料上，不需要修改的边缘可以直接描图到面料上。

在示例图中，将面料正面对折，反面朝上铺好，西装纸样也是正面朝上，平铺在面料上进行描图，这是修正较低一侧肩线的第一步。

调整纸样的铺放，使得所有拼缝能紧密地靠在一起。

用划粉笔将纸样描到面料上，在绘制完成后将纸样移开。

大约在腰省上省尖位置，沿着水平方向在面料上别一排大头针，大头针均匀地穿过几层面料，将下方面料简单地固定在一起。

距离袖窿边和侧片大约1.3cm裁剪上层面料（如图例所示）。几层面料仍然用大头针别在一起。

现在，在驳头顶部，向衣身内侧方向移动最上层面料约6mm，在西装前肩线处，向下移动最上层面料，约半个所需修正的尺寸。

操作时，一只手将最上层面料在新的位置抚平并按住，另一只手则将面料向下抚平至大头针处，向外抚平至侧缝线处。

再用另一排大头针将上下层面料别起，把织物的波褶聚拢在两排大头针之间。在侧片上，两排大头针之间相距约为2.5cm。

依次别好面料后，几层同时裁剪西装前衣片和侧片，注意：在裁剪皱起的波痕部位时，必须沿着划粉线标识来裁。

分别将裁剪好的两层西装前片和两层侧片对齐，一起平铺在操作台上，可以发现，下一层的前片和侧片上的腋点至**腰节线**的距离明显比上一层对应的距离短，但两层裁片的袖窿形状大小却是完全相同的。

西装后片采用与前片相同的方法进行修改。上一层面料在后颈点位置向内移6mm，肩点向下移半个需修改的尺寸。将面料分别向下方和外侧抚平，然后将堆积在大头针上方的多余面料别住，两层西装后片对齐，同时进行裁剪。

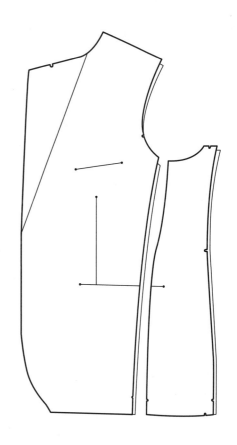

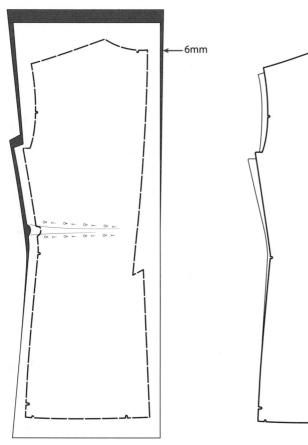

6mm

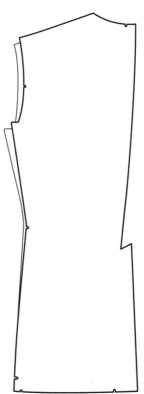

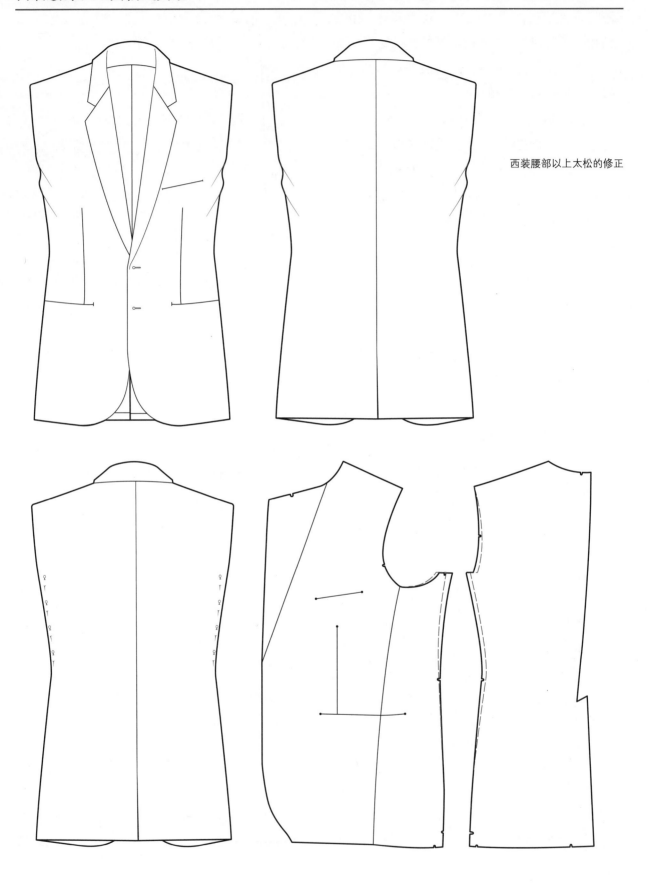

西装腰部以上太松的修正

西装腰部以上太松或太紧

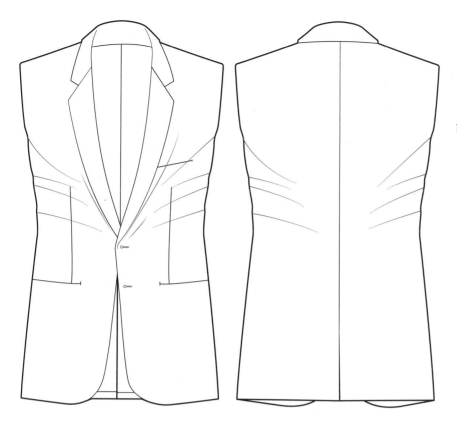

西装腰部以上太紧的修正

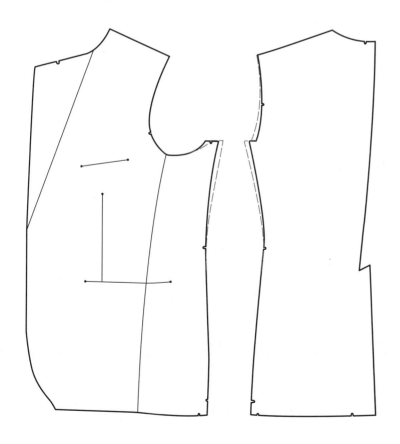

如果西装穿着时，在**腰节线**上方出现拉皱现象，这是因为这个部位的面料过多或过紧。解决的方法是：用大头针别起多余的松量（针对腰部过松的西装），或拆开侧缝重新绘制侧缝线（针对腰部过紧的西装）。

纸样上，不仅要修正腋点至臀围线之间的尺寸，还要相应地调整西装袖窿的尺寸。

在前片和后片侧缝线顶部的一小段水平短线，即是侧边缝的缝份宽。纸样修改后这条水平短线必须与修改前的尺寸一致。因此，无论在侧缝处增减了多少量都必须在西装袖窿上进行相应的改动，如果没有及时修改的话，就会在袖窿后方形成一个缺口，将会破坏整个西装袖窿的形状。

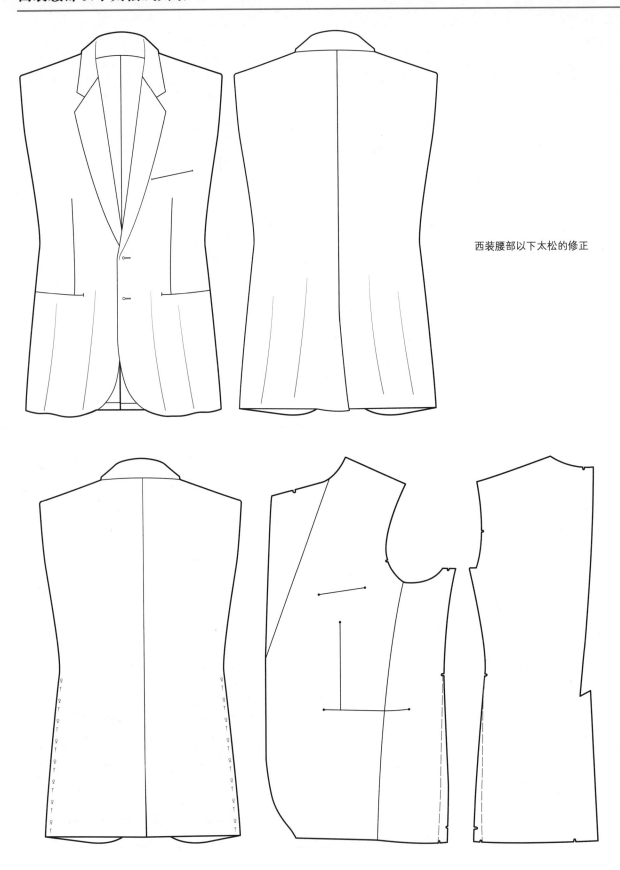

西装腰部以下太松的修正

西装腰部以下太松或太紧

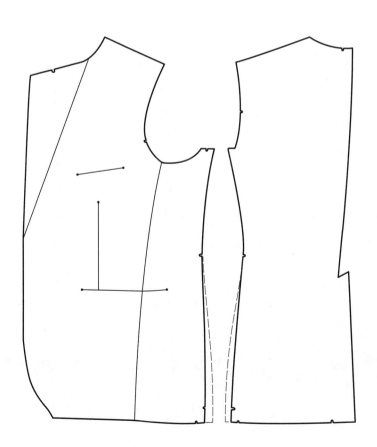

西装被穿着时，前后片**腰节线**以下均应整洁、服贴，不应出现任何面料拉扯而形成的折痕，开衩部位也应保持自然闭合的状态，不应出现上图所示的衣片左右拉扯，以及斜痕和后衩分离的现象。

纸样上，在侧缝的底摆处，增加或减小摆围尺寸，并重新绘制侧缝线，使之自然流畅地连接至**腰节线**位置。

西装肩宽过宽的修正

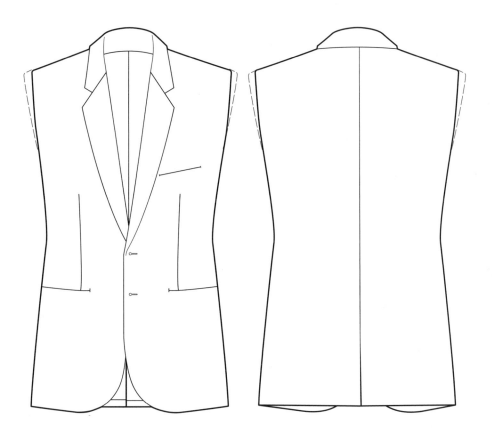

西装肩宽过窄的修正

如果西装的肩部过宽或过窄，可通过大头针别起固定（针对肩部过宽）或直接标记多余量（针对肩部过窄）的方法来调整，并根据上述修改的尺寸，在纸样上对西装袖窿位置的肩部形状进行修改。

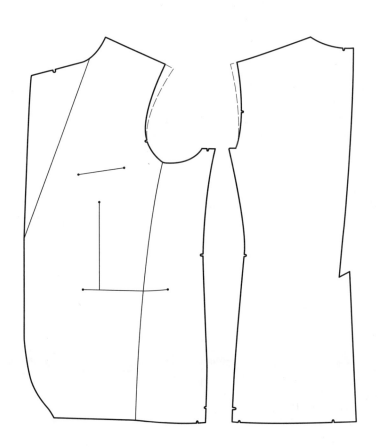

如果你的客户是溜肩体型，而西装是按照正常人体标准体型裁剪的，那么客户穿着后，就会在前后片和袖窿肩部出现歪斜的拉痕。这些拉痕多数可以通过给西装加入垫肩来消除。

当垫肩不能解决所有扭斜问题时，就需要拆开肩线，抚平折痕后，用大头针重新别插来

确定肩线位置。测量并记录下肩线在袖窿顶部修改的尺寸。

在西装前后片的纸样上，根据前面测量的尺寸，从侧颈点至肩点重新绘制肩线，**驳头**也根据修改后的肩线相应地抬高，后领中点需抬高3mm。

平肩体型

如果客户是平肩体型，而定制的西装是按照标准正常体型裁剪的，制作出的西装被穿着后，就会在前后领底部位出现弧形的皱折，此时，减小肩垫的高度可以缓解这些不美观的皱痕，但有时候也不能奏效。

平肩体型的肩线修改方法是：拆下整个翻

领结构，消除颈肩处的皱折，重新用大头针立体别插肩缝。测量肩线侧颈点位置修正的尺寸。

在西装前后片纸样上，根据修正的尺寸从侧颈点至肩点重新绘制肩线，同时也相应地修低**驳头**和后领中点的尺寸。

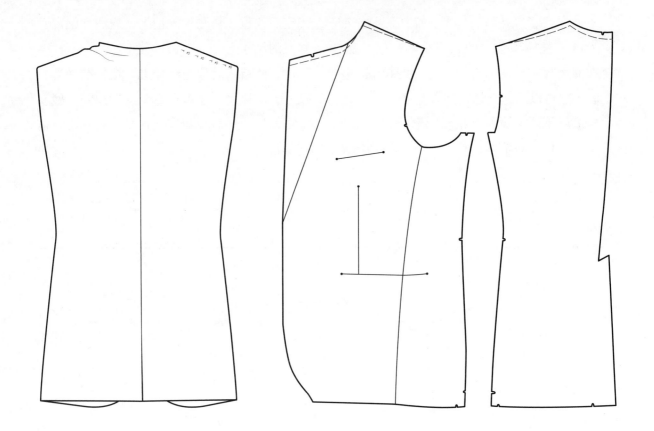

领底围线：过高或过低

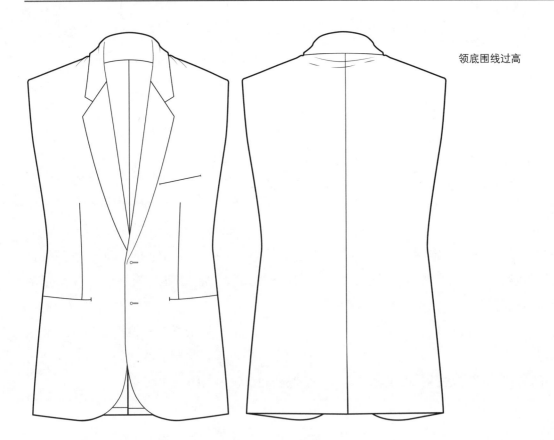

领底围线过高

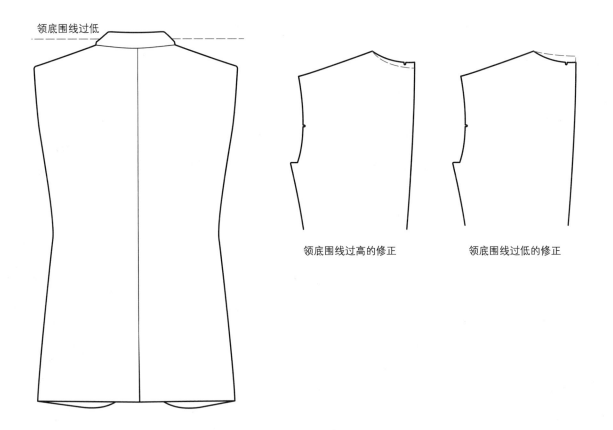

领底围线过低

领底围线过高的修正　　领底围线过低的修正

　　如果驳领翻领部分的下缘边没有刚好立在肩线上，而是高于肩线或折叠在肩线下方，那么这个翻领部分就必须被拆下，将后领底围线抬高或降低后重新制作。

　　如果客户身着合体的衬衫试穿过西装，那么很容易就可以获得需要修改的尺寸。抬高或降低西装的领底围线，从后方看，西装领口处露出1.3cm高度的衬衫领即可。

　　根据修正后测量的尺寸，对后片纸样的领线进行相应的增减。

　　如果西装领口围太紧，肩部的袖窿拼缝线看上去像是被拉向颈部。前肩线上从颈部向着袖窿方向出现明显的拉痕。

　　如果西装领口围太紧，驳领立领部分会显得有点高，但是领高没有肩部和领口部位的布料扭斜醒目。一旦将过紧的西装领口围放松开来，衣领就会恢复到自然正常的高度。

　　领口围太紧的修正方法是：拆下领子，拆开样衣颈部位置的肩线和后中心线的顶部，在领口线位置将衣片调整至松紧适中、自然服贴的状态。

　　领口线增添的松量应均匀分布在肩缝和后中心线之间。

西装领口围过松

如果西装的领口围太松，西装的后领将牵拉西装，使得西装前片的**驳头**向两侧拉开，不能呈现美观服贴的合拢外形。

领口围过松的修正方法是：拆下领子，在后中缝用大头针在不同位置尝试别插，直至领口线松紧适中地贴合人体颈部为止。

在后中心线的领围线上修剪掉多余的尺寸。

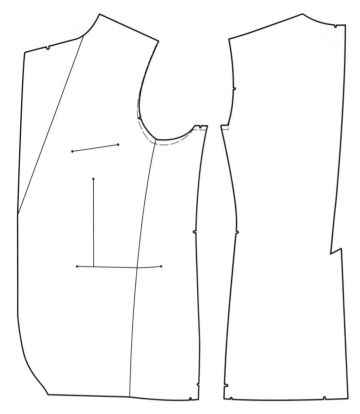

袖窿深过高

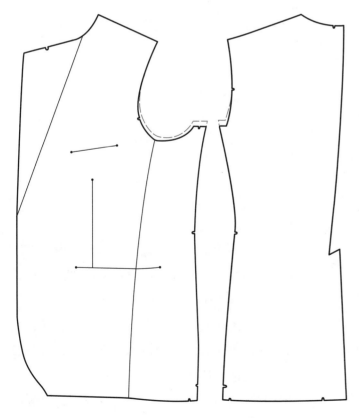

袖窿深过低

　　与其他流行服装正好相反，最适合西装袖的袖窿是袖窿深尽量高，对手臂向前运动没有任何制约的形状。袖窿深较低的袖窿，没有装上袖片前，感觉会制成服装后穿着会方便舒适，但拼装上袖片之后，低袖窿深的弊端就显露出来：袖臂一抬起就会连带整个一侧的西装衣身向外翘起。

　　在腋下中心位置，面料的裁剪边缘应略低于袖窿纸样2.5cm。

　　提高或降低袖窿底的腋点中部和前后片侧缝顶点。侧缝顶点的调整对于保持袖窿廓形非常必要。

　　袖窿在前吻合点处应略微呈"勺形"，如果手臂停在身体一侧时袖窿出现皱痕，就需要修剪袖窿弧线，修剪时宜小块面积谨慎操作，直到所有皱痕消失为止。如果是在客户穿着西装样衣时进行修剪，那么要小心操作，避免剪到内穿的衬衫。

肩线：没有呈现凹弧形

男装的肩部线条应呈现优美的凹弧形，而不是上图所示的隆起的凸弧形。

肩线修正的方法是：前片肩线中点向上抬高6mm，后片肩线中点向下降低6mm，并线条流畅、圆顺地连接到袖窿和领围线。

为了形成凹弧形的肩线，形状合体的垫肩也是必不可少的（见本书165页内容）。垫肩最厚的部分应放置于肩部的袖窿边，垫肩向着颈部方向厚度逐渐变薄直至肩线的中部位置。

西裤的修正

西裤腰围：太紧或太松

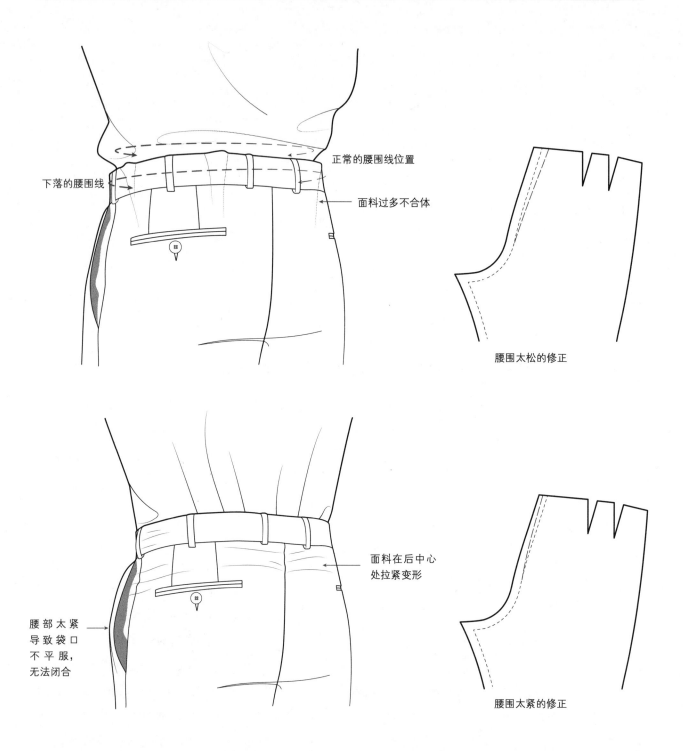

正常的腰围线位置

下落的腰围线

面料过多不合体

腰围太松的修正

面料在后中心处拉紧变形

腰部太紧导致袋口不平服，无法闭合

腰围太紧的修正

西裤是否合身，首先是检查**腰围线**。只有客户感觉**腰围**松紧合适，西裤才能穿着在人体上。如果**腰围**太松，可以用大头针别住后中缝，固定成最佳的松紧效果，然后测量并记录下大头针别住的修正量。

如果**腰围**太紧，就需要拆开后中缝，利用先前预留出的缝份，根据需要用大头针别插，确定出新的后中缝。

最后在纸样上根据修正量重新绘制裤后中缝。

西裤臀围过紧

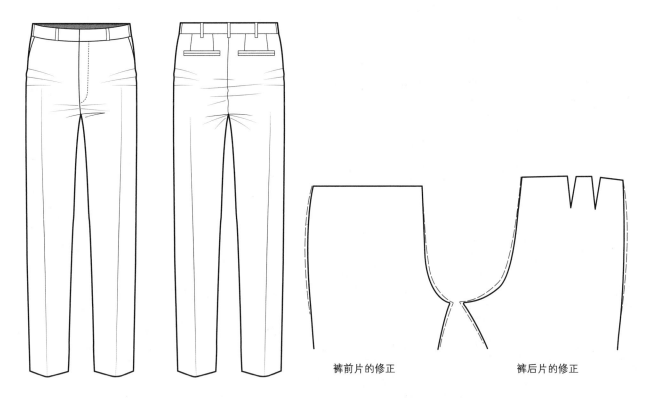

裤前片的修正   裤后片的修正

如果西裤的臀围太紧，我们可以在臀围方向最多增加1.3cm的修正量，才不会破坏西裤原有的结构平衡。这个修正量可以加在前后裤片横裆线上的三点位置。

臀围过紧的修改方法是：裤内缝顶点向外增加一部分修正量，裆底点向外增加一部分修正量，臀围线高度的侧缝线向外扩增一部分修正量。

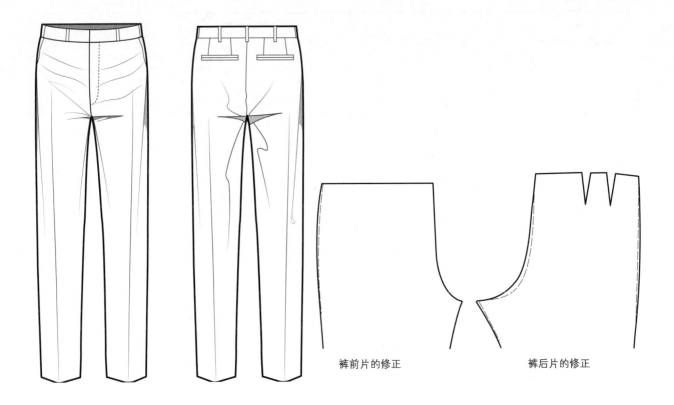

裤前片的修正　　　　　　　裤后片的修正

　　如果西裤的臀围太松，我们可以在臀围方向最多缩减1.3cm的修正量，才不会破坏西裤原有的结构平衡。这个修正量可以通过缩减裤前片的一处和裤后片的三处位置来实现。

　　臀围过松的修改方法是：在臀围线高度的前后外侧缝收减一部分修正量，后裤片裤内缝收减一部分修正量，**裆**底点向内收减一部分修正量。

西裤裤裆：过高或过低

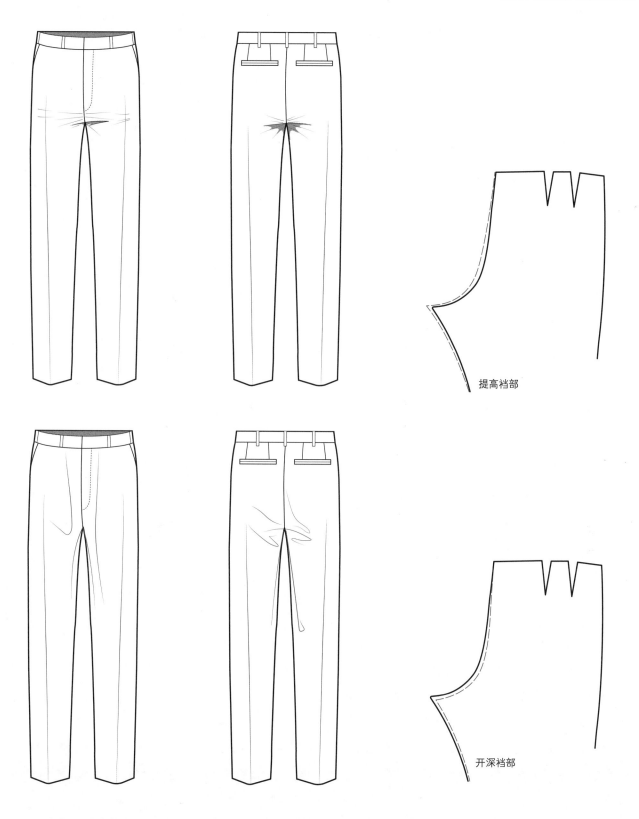

提高裆部

开深裆部

　　如果褶皱集中在**裆部**位置，而裤子臀围仍较为合体，此时就必须要修改**裆深量**。裆部向外绷紧的拉痕表明**裆深**过短，裆部出现松垂折痕则表明**裆深**过长。

　　根据褶皱量的多少，在1.9cm和2.5cm之间选择相应尺寸来调整**裆量**。尺寸修改只在裤后片上进行，通过增减裤内缝顶点和横裆宽来实现。

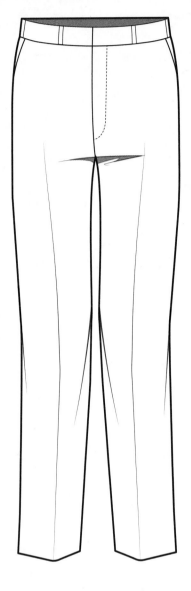

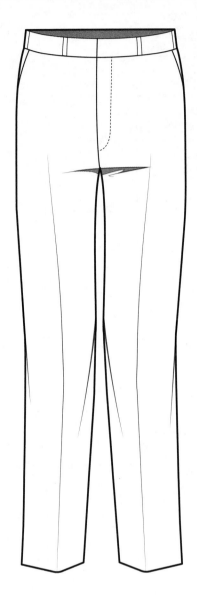

罗圈腿裤型   外翻膝裤型

　　如果客户是罗圈腿或外翻膝的话，膝盖位
置的裤腿外形在穿着时会出现明显的折弯。修
正方法很简单，裤脚口1.3cm调整为2.5cm，就
能让西裤外形线条流畅，掩盖住客户膝盖形状
的缺陷。

罗圈腿裤型的修正

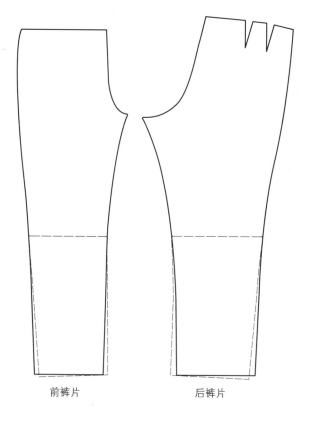

前裤片　　　　　　后裤片

外翻膝裤型的修正

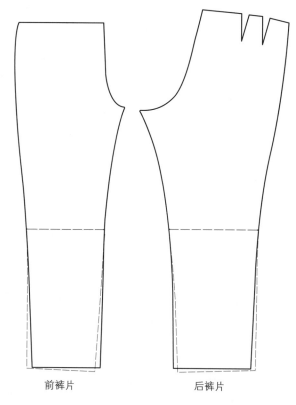

前裤片　　　　　　后裤片

　　修正方法是：前后裤片的脚口线上，裤外侧缝均向内和向下移动所需的修正量，裤内侧缝均向外增加等量的尺寸。

　　修正方法是：前后裤片的脚口线上，裤内侧缝向内和向下移动所需的修正量，裤外侧缝均向外增加等量的尺寸。

扁平臀体型

如果客户是扁平臀，或是站立时习惯往前倾斜，臀部向前收紧，那么穿着西裤时，西裤后片就会出现半圆形皱纹或折痕。这两种情况下，西裤后片都将与小腿触碰并形成折痕，裤子不能顺畅地垂至地面。

修正方法是：根据折痕量的大小决定裤腿修改的尺寸，一般平均修改量为 1.9cm。

在裤前片的三点位置和后片的四点位置进行修正（如图所示），例如，你如果准备用 1.9cm 的修改量，那么可以在裤后片的臀线上向外扩展 1.9cm，后中腰节线下落 1.9cm，后裆弯和后裆底均收进 1.9cm；而前裤片的修改则是侧缝的**腰节线**向内收进 1.9cm，前中**腰节线**向上和向外均扩展 1.9cm。

使用曲线板，连接修改后的各点，除了裤前中缝之外，所有新绘制的裤形线均是略弧的曲线形。

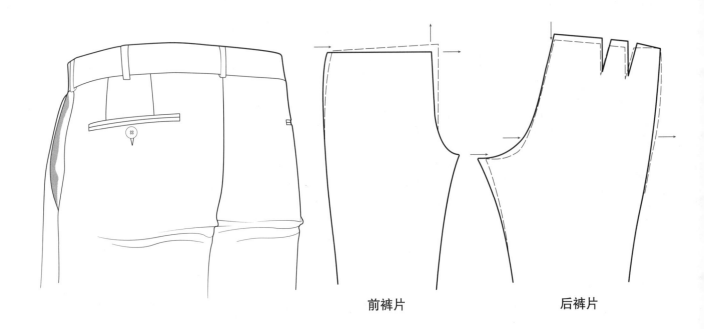

前裤片　　　　　　　后裤片

外凸臀体型

如果客户的臀部太丰满，或者是过度直立体型，导致臀部向后上方凸出，那么穿着西裤时，后裤片臀部位置就会出现横向拉痕；裤前片也因与小腿触碰折叠而形状扭曲，不能流畅地垂至地面。

根据裤后片拉伸的严重程度来决定修改的尺寸，一般平均修改量为1.9cm。

对裤后片上的三个关键点进行修正：裤内缝顶点向外增大，臀围线处的**裆线**向外增大，后**腰节线**中点向上抬高。裤子侧缝线必须在臀围线水平方向也有所增量。但是对于大多数男性客户来说，侧缝增加1.9cm，臀部会显得很大，所以臀围线位置的侧缝线可向外扩增1.3cm，并重新绘制侧缝线。

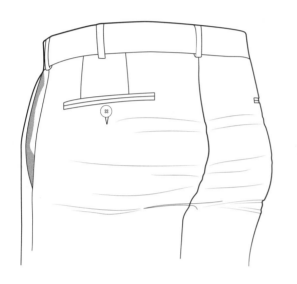

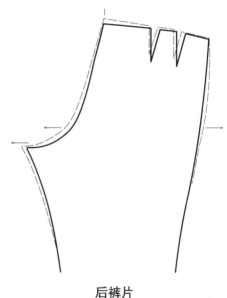

后裤片

西装马甲的修正

西装马甲前片的领线：过高或过低

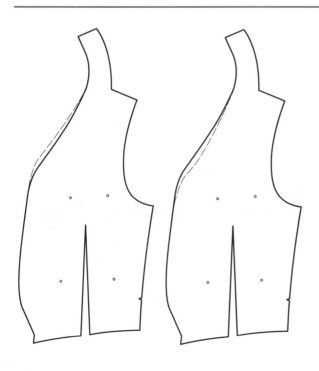

当马甲和西装都被穿着并扣起时，外观上，马甲应只露出一粒纽扣的面积大小。如果马甲露出的面积太多，就会破坏西装**驳头**的视觉效果；但如果马甲不露出来，又会造成客户没穿马甲的错觉，整体服饰搭配就不完整。如果有设计需要，可用曲线板将马甲前片的下摆绘制成尖角形。

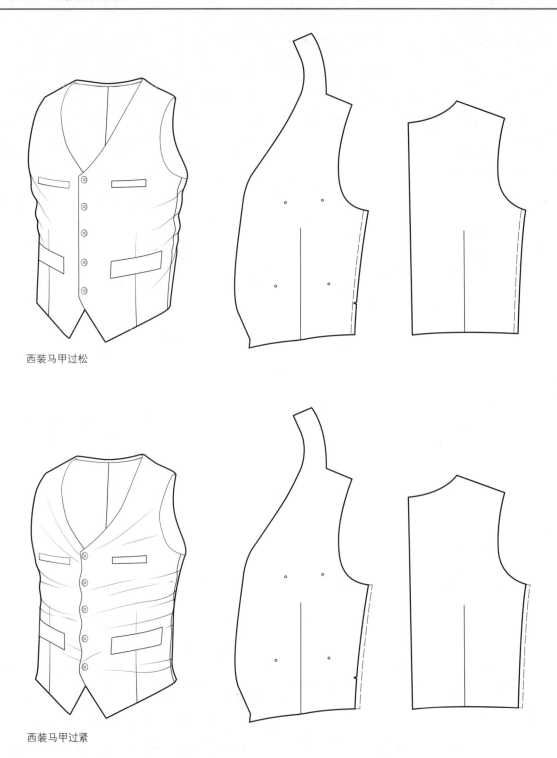

西装马甲过松

西装马甲过紧

如果马甲胸围过紧或过松，应把需增减的修改量平均分配在前后片的侧缝中。

如果增减的修改量较大，就必须要重绘口袋的定位线，让口袋始终位于马甲前片的中部位置。

第四章　高级男西装的面料

高级男西装面料的选择

如果你想用顶级面料制作高级男装的话，建议选用羊毛织物。今天市场上有不尽其数的高档面料，绝大多数高档面料都可以完美表现出定制服装的高品质，虽然没有理由衣柜里的服装都属于一种面料，但是，羊毛面料经过完整的高级缝制工序（包含胸衬、马尾衬、牵条等）会展现出最优良的品质，紧随其后的是由丝绸和亚麻布制作的服装。

羊毛织物具有一个鲜明的特点，这种材质的面料比其他任何面料都更依赖工艺制作。这一点，裁缝师们在实践中都有共识。

本书中介绍的高级男装制作中，有时需拉伸面料，有时需归缩面料，目的是将面料塑造成人体需要的形状。当羊毛织物通过某种制作方式呈现出某个造型，就可以一直保持这个形状。这一点在所有面料中是独一无二的。

羊毛织物种类繁多，有不同克重和性能，从热带到北极，一年中每个季节都可以找到合适的羊毛服装来使用。羊毛织物经久耐用，使用寿命长，手感舒适，易于缝制，羊毛织物主要分为两大类：

- 精纺羊毛织物
- 粗纺羊毛呢绒

精纺毛织物由精梳的长羊毛纤维经强加捻后织造而成。精纺毛织物具有结实、平整的外观，例如哔叽或华达呢。传统量身定做的商务西装基本都用精纺羊毛面料，通常不使用粗纺羊毛呢绒制作。

粗纺羊毛呢绒是由相对较短的羊毛纤维织造而成的，短纤维没有经过精梳处理。这些纤维的扭曲松散，织造时也没有精纺羊毛面料那么紧密，所以粗纺羊毛呢绒的肌理更加柔软和舒适，例如哈里斯花呢或法兰绒等面料。粗纺羊毛呢绒更适合制作具有运动感的休闲服装，较少运用于商务西装的制作。

面料的克重

初学者在选择男装面料时要慎重考虑，因为他们是第一次接触本书中介绍的制作工艺，而只有富有经验的老裁缝师才能控制住轻薄型面料，并能游刃有余地进行造型设计。我们建议初学者从厚型粗纺羊毛面料（克重约为400g/m²）入手，尽量避免使用精纺羊毛、丝绸、混纺纤维之类的面料，在完全掌握高级制作技能之后，再考虑制作这类薄型西装。

热带（薄型）西装面料

最轻薄的羊毛西装面料也被称为热带面料。这种面料通常由羊毛与亚麻或棉纤维混纺成高强捻纤维织造而成，具有良好的透气性。热带面料通常克重低于248g/m²，织物表面多为开放性组织结构，可以提供更好的空气流通。这种面料在制作过程中因为其结构特点极易变形，需要裁剪师具有丰富的专业知识和操作经验，才能精确裁剪和进行制作。

中厚型西装面料

中厚型羊毛面料适合一年四季穿着。在空调办公环境中，这种类型的面料可以制作舒适的套装（含西装和西裤）。中厚型西装面料（最常见的100%精纺羊毛）因其轻盈、平滑和弹性的织物特点经常会让初学者感到意外和惊喜。它们的克重范围一般介于（248g/m²）和400g/m²之间。

外套和大衣面料

重量超过440g/m²的面料不适合制作四季皆可穿着的西装，这种面料或是用来做冬季西装套装，或是用作运动型大衣或单件冬季外套。这些西装和大衣面料常织有精美的格纹、条纹或其他图案，由粗纺羊毛织造而成，保暖性更好。

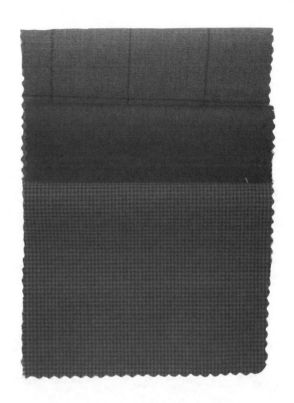

面料的花型

单色织物（素色织物）

"单色织物"的称呼常常具有误导性，例如一类高档面料：单色布，这极有可能是一块匹染织物，为了获得统一均匀的颜色，采用较为便捷的匹染技术，避免了复杂的配色过程。不幸的是，最常见的单色布（例如上等细麻布、哔叽呢和华达呢等）的色泽和亚光在高级定制服装结构上如果有任何质量问题，就会特别明显。

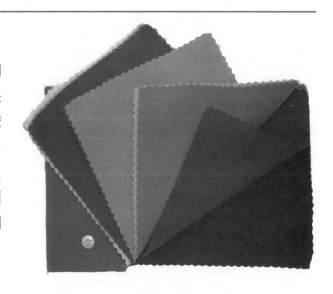

质感和纹理

许多高级服装实际上并不是严格意义上的单色，而是由混色或杂色面料制成，例如不同色调的灰色纤维混纺成纱线后制成斜纹呢西装，成衣会呈现出更加立体的外观效果。混色面料使得服装更有效地藏起细微的污渍和缺陷，从而延长了服饰的使用寿命。这些多色混织的花式面料还采用了不同的纹理结构，例如小型几何图案、针点纹、鸟眼纹、鲨鱼皮纹、镂空编织以及其他多种纹样。

纹。条纹面料通常采用斜纹组织织造而成，这样的组织结构可以让面料具有更好的耐久性。

格纹面料

格纹羊毛面料可能是目前为止最难操作的西装面料，因为它需要裁片在经纬向都必须条格对齐。富有经验的裁缝师常深有体会，制作

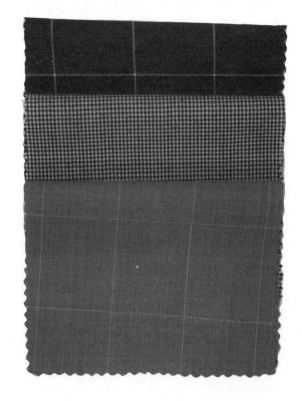

条纹面料

条纹羊毛面料在高级面料中很常见。条纹西装可以让客户显得更高，肩膀更宽，也能充分体现优美的服装线条。细条纹是在素色背景单位面积内有一根明显的经线，而粉笔条纹则是有几组四到六根线组合排列，除此之外，还有许多其他类型的条纹图案，如船纹、阴影纹以及多条纹等。人字呢也被认为是一种条纹肌理的羊毛织物，制作成西装时，必须在口袋、袖片以及和服装边缘等位置对齐面料上的条

复杂的格纹西装非常具有挑战性，但最后的成衣也让人备有成就感。关于格纹面料的对位方法，本书有专门介绍，如果学习者练习时采用的是格纹面料，在开始裁剪之前，请务必先阅读本书中相关内容。

梭织面料的性能

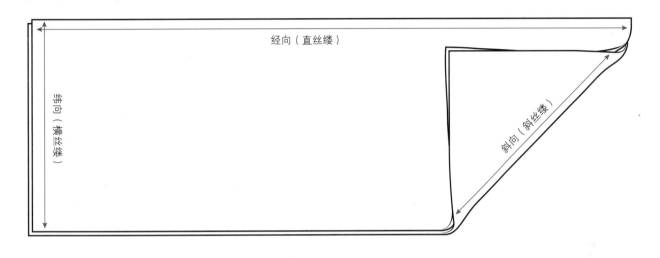

经向（直丝缕）

纬向（横丝缕）

斜向（斜丝缕）

经纬方向（丝缕方向）

机织物通过彼此垂直的两组纱线均匀或按照某种纹样交错织造而成。经向纱线（经线）的走向与布边平行。面料的经纱方向称为直丝缕，纬纱方向则称为横丝缕，是与布边垂直的方向。面料上没有纱线的走向是斜向的，但是面料的斜向称为斜丝缕。经向纱线必须强度高，需能承受纺织机的织造拉力，并能支撑起整块面料，纬向纱线则不需要类似的高强度。

由于经纱的高强度和纬纱在重力作用下略微下垂的特点，所以绝大多数服装沿着面料的经向裁剪制作出的成衣效果最好，沿着纬向（纬纱垂直向下）裁剪的服装悬垂感则较差，有时甚至会有僵硬感，沿着斜向（斜丝缕垂直向下）裁剪的服装，因缺少经纬纱的支撑，面料很难形成某个造型。斜裁服装的悬垂感最好，并具有一定的弹性。

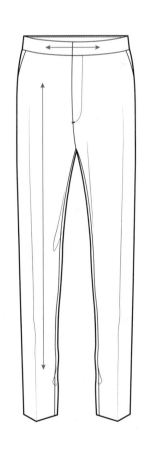

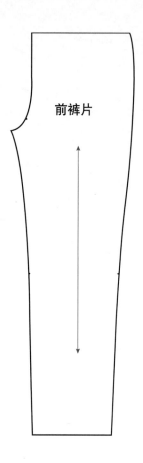

前裤片

无论是裁剪斜裁裙，还是横丝缕腰头，亦或是直丝缕长裤，裁剪的方向都是一致的。每一块裁片纸样都要平铺在面料上，纸样上的箭头方向与面料的直丝缕方向（经向）平行。

如果说某块裁片是沿着横丝缕裁剪的，或是沿着斜丝缕裁剪的，实际上与它被裁剪的方向关系不大，而与它的穿戴方向有关。

腰头和长裤是沿着同一个方向裁剪的。但是，因为腰头是横着装在裤腰上的，所以腰头就被习惯称为是横丝缕裁剪的。因为在长裤上，丝缕是垂直方向的，所以长裤是沿着经向裁剪的。

高级男装的主要衣片都是沿着直丝缕方向裁剪的，根据制作需要，某些较小的裁片是沿着横丝缕或斜丝缕方向裁剪的。

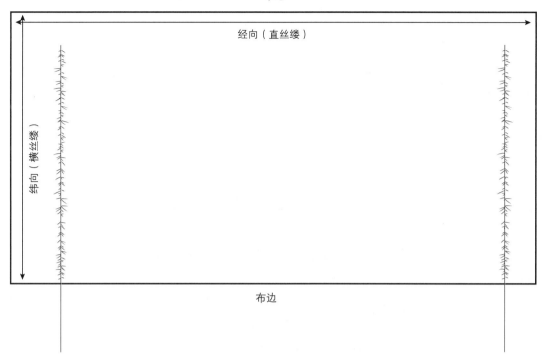

面料从织布机到制作者手中的过程中，丝缕可能早已发生扭曲。考虑到丝缕方向对成衣效果的重要性，裁剪前非常有必要检查面料的丝缕方向是否偏斜。这时候要做的是检查经纬纱之间彼此是否呈直角，如果经纬纱方向互不垂直的话，所有我们讨论过的有关排料和铺料的内容，都毫无意义。

检查丝缕是否对齐的方法是：从布边的一侧到另一侧抽紧一根完整的纬纱。操作时，在准备裁剪的面料两端末尾处抽，这样可以避免浪费面料。沿着纬纱抽皱起的痕迹确定纬纱的正确走向。

在布料的两端，沿着纬纱抽皱路线剪开面料。

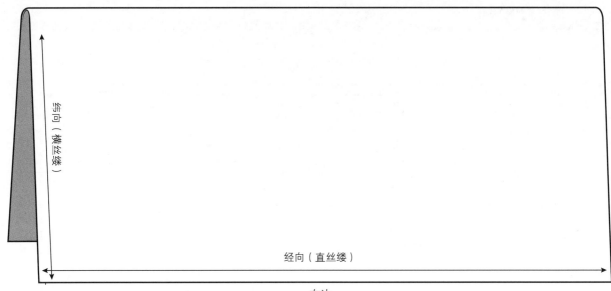

经向（直丝缕）

纬向（横丝缕）

布边

　　将面料两侧的布边正面相对，对齐后折起。观察面料两端是否对齐，或是否是一个规整的长方形。如果不是的话，那么纬纱和经纱不再是互相垂直的，面料的丝缕方向已经歪斜，需要整理矫正。

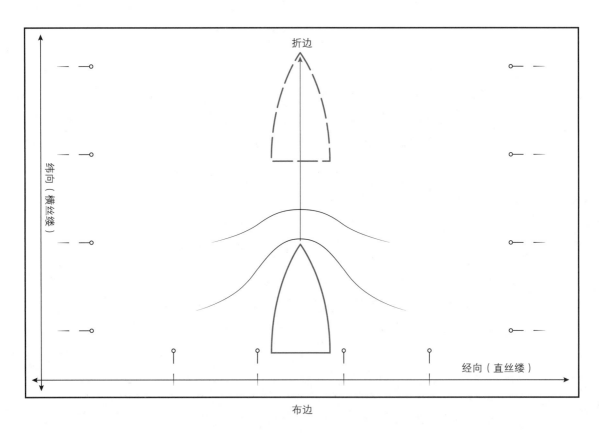

折边

纬向（横丝缕）

经向（直丝缕）

布边

　　为了使织物恢复原状，把折叠的布料固定成它应有的长方形形状。在面料的反面，从布边向折边方向喷蒸汽进行推烫，直到面料上的波痕彻底消失为止。

　　丝缕歪斜的可水洗面料，在湿润的状态下拉正丝缕。这需要在平面烫台上操作，方法是每次熨烫一小块面积，然后逐步扩大熨烫范围，直至整块面料熨烫完成。

面料的起皱

梭织天然纤维面料容易起皱。成衣上的所有梭织面辅料：羊毛**衬料**、斜纹牵条、口袋布以及服装的大身面料等，都必须在制作前进行预缩，而用来塑造面料硬挺效果的辅料，例如法式领布和马尾衬则例外，这两种衬料不需要预缩。

即使服装面料的产品标签上标明面料已经经过预缩，为了安全起见，如果有条件的话，在裁剪前，最好再用蒸汽熨烫面料，并用干洗机进行专业预缩。

羊毛**衬料**浸入冷水一个小时左右即会收缩。滴干后，用低温蒸汽熨平。棉质斜纹牵条浸入冷水后，可直接熨干，这样熨烫不会导致它变形。口袋布充分预缩后，可直接蒸汽熨烫。我们前面推荐使用的衬里料在干洗过程中不会缩水。

面料的倒顺毛

当服装面料预缩好，面料**丝缕**也被矫正时，沿着面料经向，用手朝一个方向轻轻抚摸面料，再朝另一个方向。如果面料两个方向的手感一致，那就是没有明显的倒顺毛。如果手感不一样，哪怕是很微小的差别，这个面料都有倒顺毛，顺毛的方向是面料摸起来更加平顺的那个方向。

顺毛的方向是面料表面上短纤维被刷倒的方向。倒顺毛手感不同并不重要，重要的是两个方向对光线的反射不同。因此，当面料立体悬垂时，不同方向的色泽不一样。

色泽上的不同是因为织物毛向的区别常常很微妙，当操作者在平面上整理面料时，很难发现倒顺毛的差异之处。但如果操作者忽略了倒顺毛，例如，顺毛裁剪了西装衣身衣片，袖片则裁剪成毛向朝上（倒毛），当裁片缝合在一起后，将服装放在稍远一点的位置观察，就会看到西装和袖子就像是用完全不同的面料裁制的。

避免这样的问题的最简单方法是，在你排料前就定好倒顺毛方向，在面料上用箭头标明顺毛方向（面料手感更平顺的方向），然后裁剪纸样，这样所有的裁片的毛向都是一个方向。

大多数面料制作时都是沿着顺毛方向裁剪的。裁剪西装时，如果你把手放在前片上向下抚摸，比向上抚摸感觉更平滑，那就沿着这个顺毛方向裁剪，这个手感和从前往后抚摸猫毛的道理是一样的。

丝绒有时会沿着倒毛方向裁剪，因为这个方向的绒纱更厚实些，吸收光线的效果更好，面料的色泽更为饱满华丽。

如果面料的倒顺毛差异太小，难以辨认哪个方向更平顺，可以在面料上标记一个方向，所有裁片均沿这个方向裁剪即可。比起倒顺毛的选择，裁片统一方向裁剪要重要得多。

第五章　排料与裁剪

大多数缺乏经验的学生并不知道专业裁缝师们是不会使用薄纸纸样的，原因是这种纸样太不方便了。

薄纸纸样的唯一优点是：无论纸样复杂还是简单，都可以被折叠放进纸样袋中。而薄纸纸样的缺点则很多，例如极易起皱，不小心会撕裂，也不容易固定住等。

裁缝师们喜欢在厚牛皮纸或标签纸上绘制纸样。标签纸的纸样铺放在面料上，可以牢牢地压住裁片而无需使用大头针固定，也可以直接在上面用划粉笔描图。标签纸上可钻孔，用以标识省尖和口袋位置。通常在纸样上，衣片的**腰节线**、臀围线和翻折线的边缘刻有刀眼。当纸样闲置不用时，会被挂在专门的纸样钩上保存。

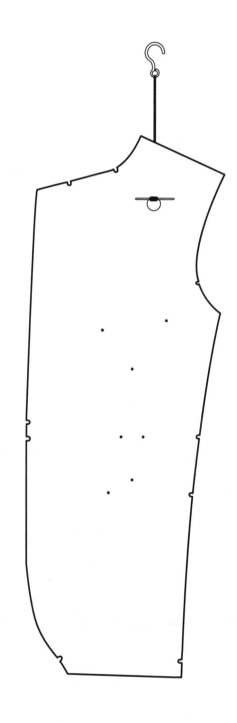

除了裁剪一些非常轻薄的面料，一般面料使用标签纸纸样排料会更快也更准确，因为不需要用大头针将纸样固定在面料上。用大头针固定住纸样的做法，既费时又影响铺料，两层面料对齐裁剪也变得非常困难。

如果你现在没有耐心把纸样转移绘制到标签纸上，你还可以用压紧薄纸纸样的方法，这样也不需要用大头针固定。如果纸样边缘不够硬挺的话，划粉笔描图不会很快，但即便如此，描图也比大头针固定更容易操作，尺寸也更准确。

这里，我们强烈建议学生使用标签纸绘制纸样的方法，尤其是那些需要反复修改或使用的纸样。

对于学习者初期的制作练习，我们建议根据纸样提供的面料需求量（算料），多购置一些面料，以供制作中难免出现的换片和返工需要，以及口袋袋盖等零部件的用量需要。

西装的排料，应遵循一定的顺序，首先铺放主要的大件纸样：前衣片、后衣片、侧衣片、**挂面**（本书26页修整后的**挂面**）和袖片等。袖片应与其他主要衣片同时描样到面料上，并标注裁剪制作要求，以防被遗漏。虽然袖片被排好，但此时不应被裁开，最好在整个西装制作的后期（前后衣片已经制作完成）开裁。初学者在完全掌握工艺制作之前，应按照每步工序的详细说明，只在需要的时候，裁剪口袋和领片。

西裤和马甲的纸样也用同样的方式排料。从马甲前片入手进行裁剪，西裤先裁剪前后裤片，然后根据本书介绍的工艺顺序裁剪挂面、口袋和腰带等各部件。

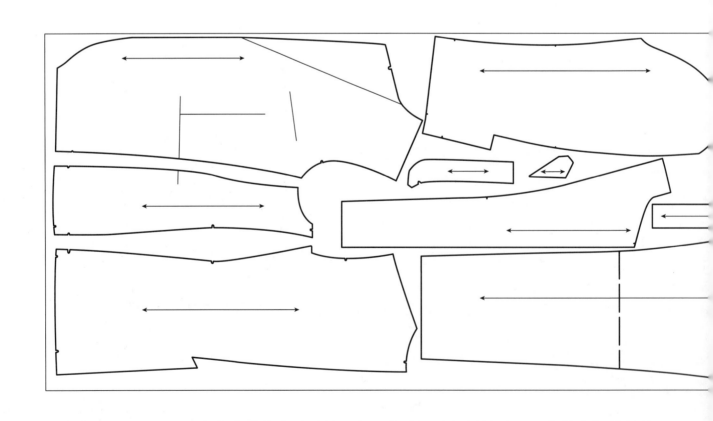

当然，如果能将所有衣片一次性排料并裁剪好，可以最经济、最高效地使用面料，因此许多裁缝师们非常注重排料技巧，甚至把这步工艺发展成了一门高级艺术。例如下图就是一套40码男装三件套顺毛方向的专业排料图。仿效下图进行紧凑合理的排料，既具有商业意义，也是锻练技能的好方法，还可积累操作经验。

当面料先期准备工作（预缩、熨烫、沿着丝缕方向和倒顺毛做好标记）完成时，就可进行主要衣片的排料。衣片排列需根据倒顺毛方向，除非有充分的理由无需这么做（例如面料太小等原因）。根据倒顺毛排料（尤其是羊毛）总是比较稳妥的，因为面料在阳光下可能会有轻微的倒顺毛色差，而工作间里则不易发现这个差别。严格地沿着面料丝缕方向（经向）排料，每块衣片上的丝缕方向的箭头应该与布边绝对平行。排料时可以用尺进行比较测量，以验证目测是否准确。

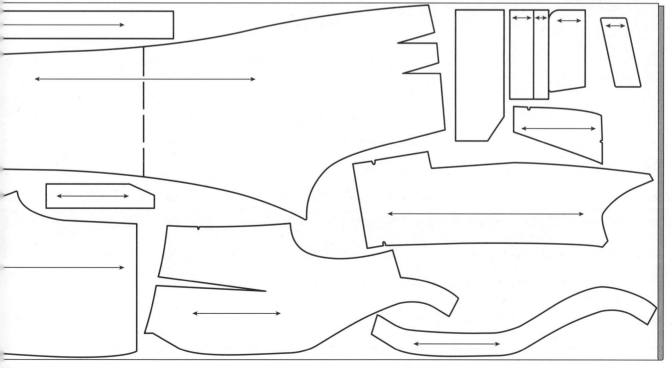

将划粉笔削尖，这样才可以得到细腻清晰的线条，不能在面料上用力地画。如果划粉笔不削尖，又用力在面料上绘制，只会得到粗糙且不准确的线条，有时甚至会拉歪排料的位置。

我们建议初学者使用粘土制造的划粉笔，而非含有蜡成分的划粉笔。这是因为用粘土划粉笔可以在面料正面作任何标记，不必担心标记的印迹太深而无法擦除。粘土划粉笔的印迹在不需要的时候可以用毛刷轻松地刷走。建议不要在粘土划粉笔绘制的线条和标记上熨烫，受热后的划粉笔印很难擦除。

使用削尖的粘土制划粉笔，可以轻松地将纸样拓描在面料上，绘制的结果也较为准确。

将西装前片的纸样描图到面料上，标记出所有的刀眼位置，包括**腰节线**、领嘴刻口、**驳头**翻折线的上下两端以及前袖窿的吻合点等处。

　　标记省尖和口袋定位线，标记方法是在纸　　过孔眼掉落在面料上即成为标记点。
样上省尖钻孔上刮擦划粉笔，划粉笔的碎屑透

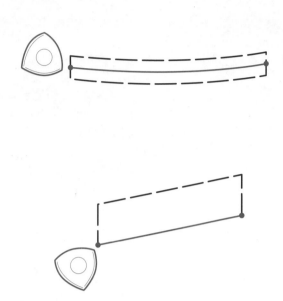

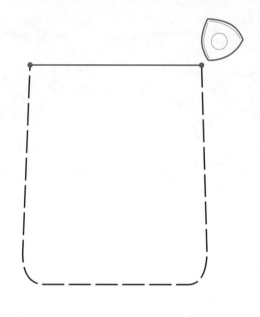

双开线袋的定位线对应的是袋口的中心线，**嵌线袋**（单开线袋）定位线对应的则是袋口底线，而明贴袋定位线对应的是袋口（顶）线。

移开各纸样片并裁剪面料，用纱剪在缝份上剪刀眼标记（刀眼在缝份上不能超过3mm深。

最好使用弯柄剪刀裁剪双层面料。裁剪面料时，底部刀柄可以支撑在桌面上，当剪刀口移动裁剪时，剪刀不会牵拉面料而造成扭斜。

裁剪时，要克制住将面料拉向自己的冲动。任何面料的拉扯都可能破坏你精心绘制的标记线。

在所有的衣片都被裁开后，划粉笔的标记线将使用棉线打线钉的方式保留下来。

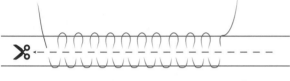

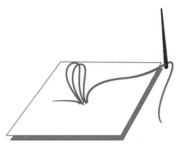

打线钉是用一根棉线垂直穿过两层面料进行拱缝，在两层面料表面留下松松的线圈环（如图所示）。

接着将两层面料均匀地拉开，松松的棉线被拉紧，松量被拉至两层面料之间。

沿着两层面料之间居中的位置剪断线缝，完整的线圈段将留在面料的反面，而断线头则留在面料的正面。

如线钉标记的不是缝线轨迹，而是点位或止口位置，做法是在每层面料的表面连续缝两针后剪断，将松松的线圈环留在面料表面。

所有的省尖和口袋上的止口都是用这种点位线钉来标记的。

划粉笔标记下摆线和驳领翻折线的位置，整个下摆都打上线钉，翻折线则只在起点和止口处打上线钉。

西裤排料、裁剪的过程基本上与西装基本

一致。面料的丝缕方向非常重要，所有相关的纸样信息都将在面料上用线钉标识。这个阶段花一些时间打线钉，可节省后期工艺可能出现的纠错和返工的时间。

　　马甲的排料、裁剪过程与西装略有不同。因为马甲裁片的反面要烫上一层黏合衬，所以纸样上的标记只能用划粉笔标在面料的正面，而不是用线钉进行定位的。如果黏合衬上有缝线，在后面的工序中是很难去除的。

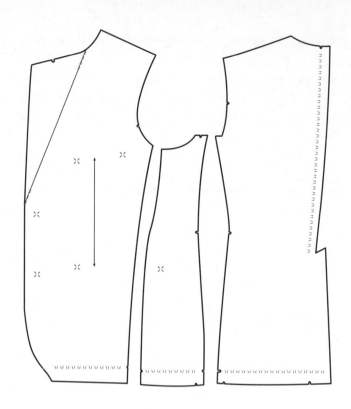

格纹或条纹面料的排料（对格对条）

袖片

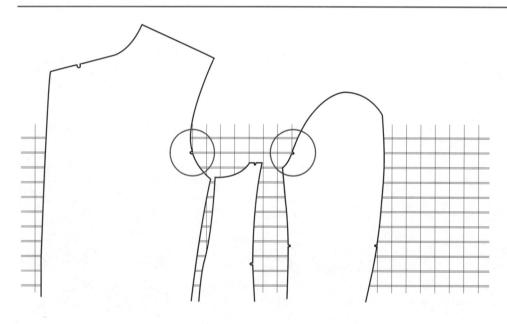

　　格纹西装或条纹西装的排料需要格外小心。

　　袖山顶部的横向线条应与对应的衣片上的横向条格对齐。格纹西装的纸样上，袖片的袖山线和大身的前袖窿弧线上均应剪刻对齐用的刀眼（吻合点）记号（见本书197页内容）。

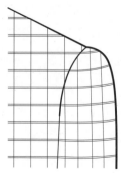

挂面

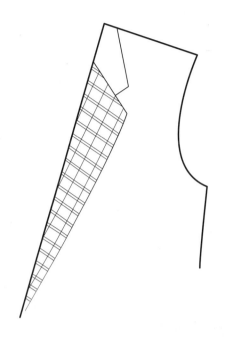

驳领由**挂面**制成的**驳头**部分，应沿着直丝缕（经向）方向裁剪，领边位于两条竖纹之间。如是条纹面料，则条纹应贯穿整个**驳头**，不应有任何扭斜。

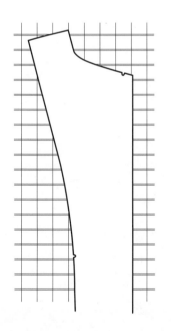

将修整后的挂面（见本书26页内容）如上图排料，**驳头**上端的刀眼位于两条竖线之间。格、条纹西装的**挂面**，均应手工排料（见本书146页内容），相比机器排料，手工排料可以更好地控制各部位线条。

后片颈部和后领

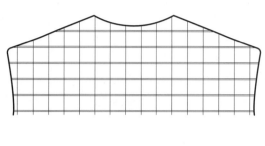

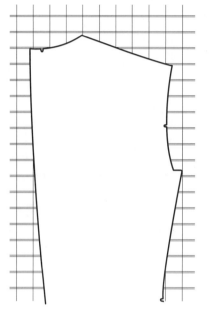

后片中缝的颈部，不应出现没有对齐的格纹。

将后片中缝的领部刀眼对齐两条竖线的正中。

西装完成后的整个领型，从后方看，格纹应工整对齐，没有任何错位。

因此，西装领面在西装领底装好后再进行裁剪，与领底缝装时，注意后领面与西装后片上的横竖格均需对齐（见本书181页内容）。

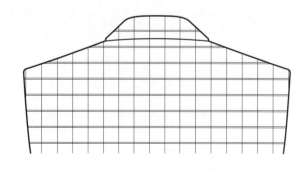

西装前衣片

条纹面料排料时，西装前片**驳头**下方的门襟直边线不应落在较醒目的竖条纹上（这一点也适用于马甲前片的门襟直边线）。

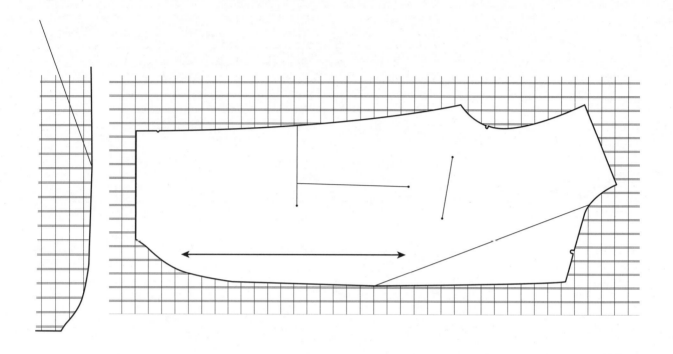

将西装（和马甲）前衣片的门襟直边部分放在格纹面料上，排料时应让直边线落在相邻的两条竖格之间。

西装侧缝

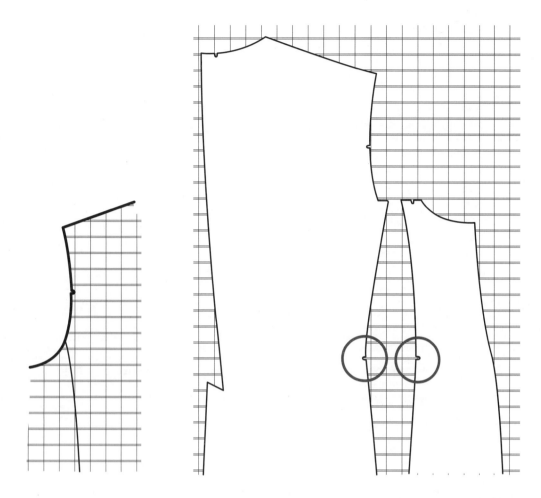

　　格纹西装中的所有的拼缝线处都必须保持横向格纹对齐。

　　所有的拼缝线均需沿着格纹的纹路方向剪切刀眼，以便准确对齐。

西装下摆

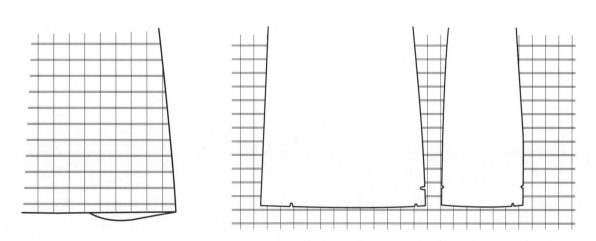

　　西装下摆折边线应避免落在较醒目的横条纹上。

　　西装的前片、后片和侧片的下摆折边线均应落在两条横条纹之间。

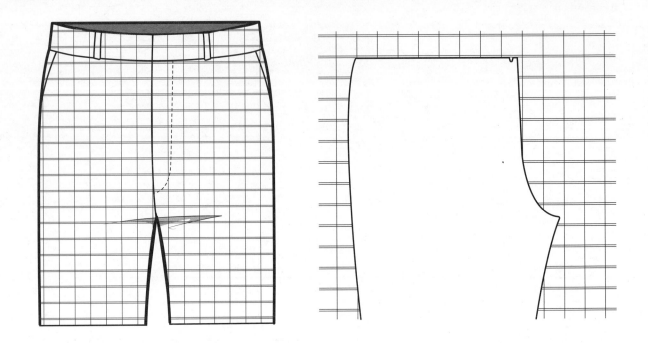

裤腰位置的门襟边线应位于两条较醒目的竖条纹之间。**腰节线**上的门襟缝份的刀眼对齐两条竖条纹之间的正中位置。

格纹或条纹西裤口袋的排料需根据各个口袋的朝向来定。

第六章　高级男西装的制作

省道和拼缝的缝制

如果男西装上有省道，在裁剪过程中，是用四个线钉点来标记省道位置的。

在面料的反面，用划粉笔连接上下省尖点，绘制出省道中心线。

在省道的一侧，从上省尖点向下画一条弧线到**腰围**的省道线钉点，再从**腰围**上的这一点弧线连接到下方的省尖点，用大曲线板将两条省道描绘成圆顺的弧线形。省道线如果不流畅，缝制后省道就会在服装表面形成皱缩，既不美观也无法熨烫平整。

拆除标记省道位置的线钉，沿着划粉笔绘制的省道中心线将省道对折并熨烫平整。

沿着省道线从上省尖点向下省尖点车缝整个省道。注意要沿着顺毛方向车缝，这是遵循面料的织造特点，在处理丝绒或绒布面料时，这一点尤为重要。

省道车缝完成时，最好在省尖处手工打结固定，而不是车缝倒回针来收省尖。因为倒回针会使得尖细的省尖变得粗钝和僵硬。

沿着划粉笔绘制的省道中心线剪开省道，两边剪口末端距离上下省尖点各约1.3cm。最后将省道放置在熨烫馒头上分缝烫平。

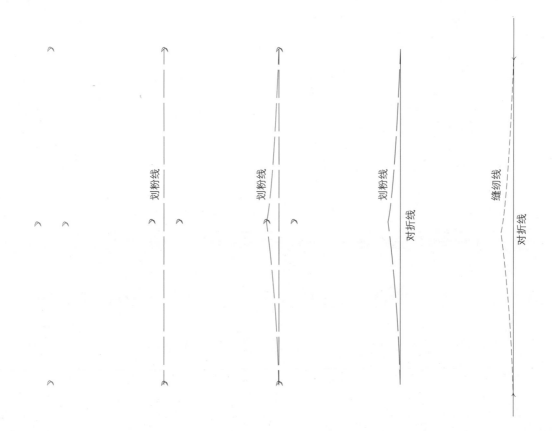

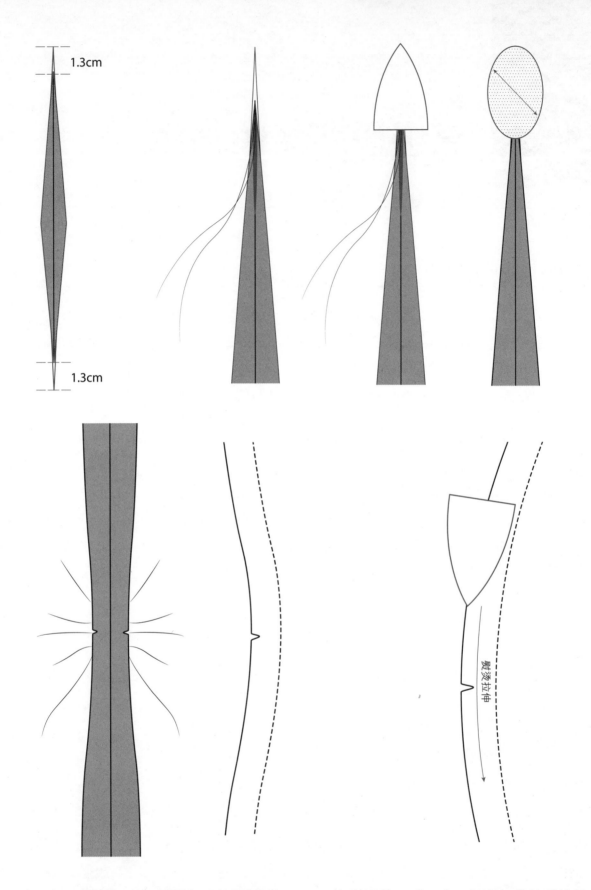

省尖点的面料有时难以控制，熨烫时容易偏向一侧，无法居中烫平。如果发生这种情况，西装正面的省道线就会明显歪斜，而不是呈现完美的直线形。

在熨烫前，可以取一根穿好线的手缝针，用针眼一端别住省尖，尽可能别得深一些，固定住省尖点的面料，在熨烫省道中线时，手缝针有助于拉直省道缝线，省道中线熨好后移除手缝针（拉线扯出针，针会较烫），再一次熨平省尖。这样西装前衣片上的省道就会呈现完美的直线形。

斜裁一块椭圆形超薄型无纺黏合衬，用于加固省尖和服装的局部定型。选择与服装面料克重相当的黏合衬，可以先在废布上做些尝试，如果从面料正面能看到黏合衬的任何形状，那么这个黏合衬相对面料而言就是太厚了，如果从面料正面隐约可见有黏合的痕迹，也不建议使用这种厚度的黏合衬。

手工绷缝西装的前片和侧片，并将两块衣片车缝连接起来，衣片上所有的刀眼均需对齐，拼缝线分开熨烫平整。如果西装有明显的**腰节线**造型设计，**腰节线**附近的拼缝线需向内收紧。蒸汽熨烫**腰节线**附近的拼缝线缝份，将其拉伸成反方向的弯弧形。当拼缝线缝合后，缝份被分开烫平时，腰部就形成立体收腰的造型。

在**腰节**位置的拼缝线缝份上斜剪若干刀口，缓解西装这个部位的紧绷感，如果后期这个位置有可能需要调整的话，也可以不做斜剪处理，让缝份保持完整。

从反面稍微压烫一下西装前衣片。接下来，就可以准备制作西装的口袋了。

高级男西装的熨烫工艺

传统高级男装制作比普通平面缝制要复杂得多。如果我们不先对裁片做立体造型，那么制作中所有的手工艺都没有意义。手工缝制工艺是采用各种工艺对面料进行整理、塑造和定型，其中最重要的是熨斗的熨烫归拔工艺。熨烫面料需要小心地控制温度、蒸汽和压力，在服装的特定部位拉伸或归拢面料，这样才能熨烫出立体的曲面形状。当裁片不再是平面形状

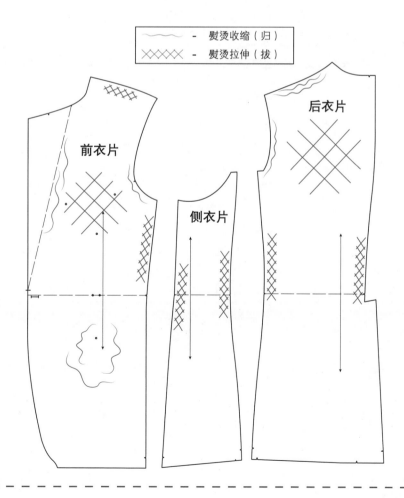

时，裁片缝合后的服装造型将更美观合体，客户穿着也更舒适。

上面介绍的熨烫归拔工艺，可以在西装上塑造出更加丰满的**胸部**形状，肩胛骨部位的衣片也变得立体宽松，袖窿更为合体，完美的凹形肩线也具备了充裕的空间，可以容纳突出的锁骨，肩缝线平整服贴，缝份和衬辅料都不会显露在外。

正如前面章节所述，车缝的拼缝线易导致缝份拉伸变形，但是裁缝师们也发现，可以在拼缝合并之前，通过预先熨烫拉伸**腰部**的拼缝缝份和衬辅料来避免这个难题的发生。

西装前衣片

在开始熨烫西装**胸部**之前，如果你的纸样有双头省道的话，在西装下摆会产生多余的松量，熨烫消除这些松量非常必要。

可以通过归拢熨烫来收缩这个部位，使用大量的蒸汽，将熨斗沿着逐渐缩小的同心圆方向在面料上旋转熨烫。

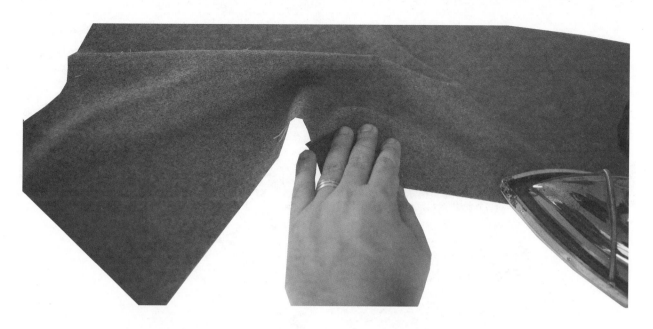

西装的前衣片是从**腰部**下方开始，沿着侧缝线向上一边熨烫一边拉伸缝份，直至袖窿底部形成凹弧形侧缝边形。

在前衣片上，从**腰部**的缝份开始，手持熨斗熨烫拉伸衣片的**胸部**区域。操作时，一只手控制熨斗熨烫**胸部**，另一只手塑造**胸部**的立体形状。

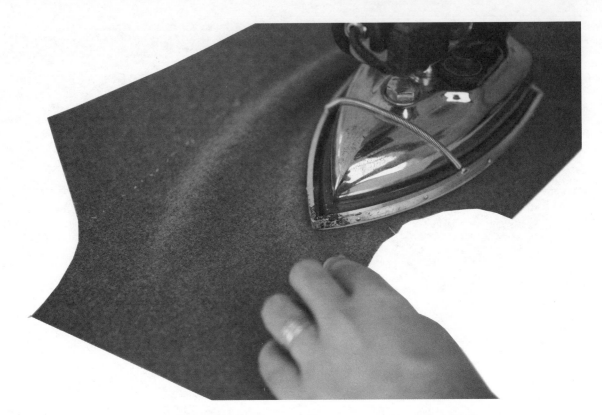

胸部的熨烫拉伸也会让前袖窿圈变形，产生不必要的拉长。为了纠正这个错误，可在袖窿处使用大量蒸汽和压力，熨烫归缩掉被拉长的尺寸。熨烫归缩袖窿的下半部分，可进一步突出胸部丰满的造型。熨烫时，让熨斗在这个部位停留一会，确保衣片完全定型。

接着提起熨斗，移至腰节的前中位置进行熨烫。一只手持熨斗沿着与驳头翻折线平行的方向向着胸部缓缓移动，另一只手轻轻地在熨斗前方牵拉面料。

驳头部分随后在熨
台上被熨烫平整，**胸部**
拉伸时可能造成的变形
也一并被消除。

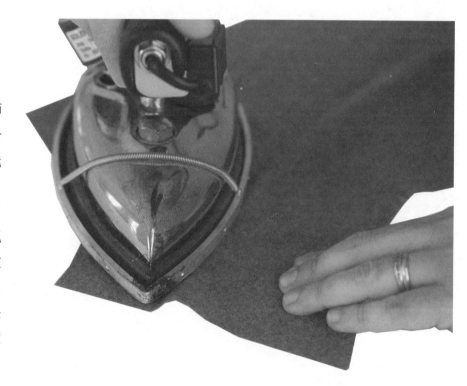

为了塑造出裁缝师
和客户都满意的精致合
体的凹弧形肩线，肩线
的前半部分也需要拉伸，
这是通过拉伸领嘴和肩
线之间的**串口线**来实现
的。拉伸长出的尺寸被
熨烫转移至肩线的中部。
如果西装制作使用的是
条纹面料，要避免过度
拉伸而造成的条纹扭曲。

当前衣片全部熨烫完毕时，我们可将其平铺在桌面上，观察整个衣片的外观。如果衣片下摆明显收小，**胸部**出现宽松的立体**松量**，这样的衣片就可以制成造型美观的成衣。

西装侧衣片

侧衣片通常不需要过多的熨烫。一般情况下，侧片只需确认其凹形缝份和拉伸过的衬辅料即可，避免制作好的成衣上出现拉痕和褶皱。

西装后衣片

西装的后衣片也需要熨烫，但不像前衣片那么细致和深入。后衣片熨烫的主要目的是满足背部的肩胛骨的活动需要，在背宽处熨烫拉伸出一定的立体空间，同时熨烫归缩后片的肩部区域。

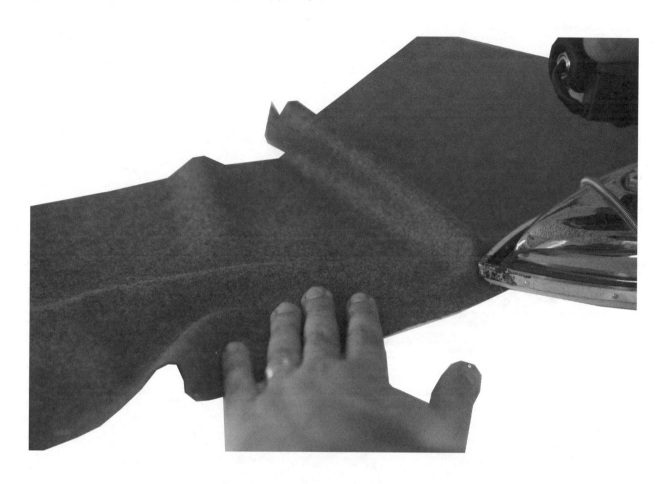

与所有其他衣片一样，后衣片的衬辅料和缝份也要被适当熨烫拉伸，这样才能与其他衣片顺利地缝合在一起。后衣片的熨烫从**腰节线**下方开始，沿着侧缝线向上推移熨斗，操作时，需一边熨烫一边拉长缝份。

与熨烫胸部的方式一样，熨烫后衣片时，一只手持熨斗在肩胛骨位置熨烫，另一只手拔开熨斗头部拉伸开的面料。对缝份和肩胛骨部位进行多次熨烫拉伸，这次熨烫位置在**腰节线**下方的后中心线上。

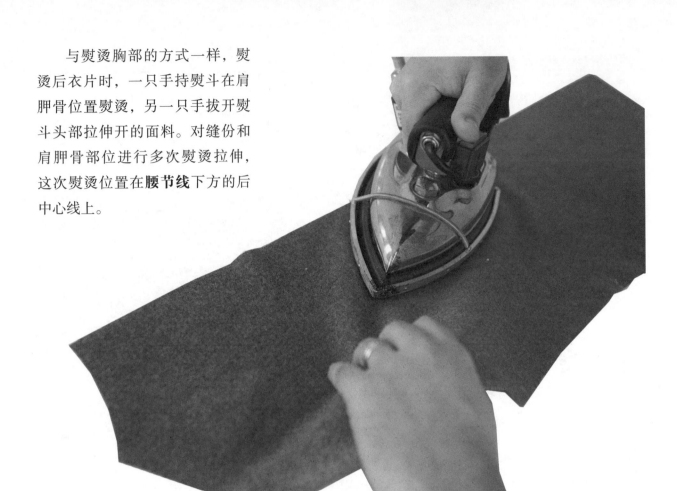

一旦后片的肩胛骨位置有了足够的**放松量**，就可以着手归拢熨烫后肩线和后袖窿的长度。注意不要让熨斗在衣片上熨烫的宽度超过1英寸，这是为了避免烫平刚刚拉伸熨烫出的松量。

高级男西装口袋的制作

最常见的西装口袋有：

- **单开线**袋（嵌线袋）；
- 双开线袋；
- 有**袋盖**的双开线袋；
- 明贴袋。

这里将详细地介绍这些口袋的制作方法。因此，你不必局限于使用的商业纸样上的口袋形状。你可以自由地将贴袋转换成双开线袋，或者装上一个**袋盖**。唯一需要注意的是，贴袋通常只用于休闲西装，**单开线袋**通常只用作胸袋，而不是腰间口袋。

口袋制作的完美程度充分体现了高级制作的工艺水准。因为口袋在前衣片上位于醒目的位置，所以任何口袋线条的歪斜都会引人注目，从而破坏了西装的整体美观。我们建议在使用衣片面料制作口袋之前，先用废布练习制作一次口袋。

单开线袋

西装胸部的**单开线袋**通常长约11.4cm，宽约2.5cm，位于前衣片的左上方，靠近袖窿

吻合点的位置。胸袋的定位线水平方向略微倾斜1.3cm左右，当西装被穿着时，袋口呈轻微的左高右低状。

划粉笔在前衣片上标识胸袋的定位线。如果你曾经修改过前袖窿，那么再检查一下口袋定位线与袖窿拼缝线之间的距离，确认这个间距至少有3.8cm才行。

裁一块横丝缕的有纺黏合衬，长宽分割约为11.4cm和3.5cm。沿着无胶一面的底边间隔1cm画一条平行线。这条线是**嵌线袋**最后装上前衣片的拼缝线。

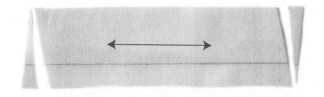

分别在有纺衬的右侧上端和左侧下端裁切掉底边约为6mm的斜三角形。这将形成**单开线袋**略微倾斜的造型。

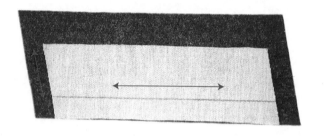

将有纺衬粘烫在一块面料裁片的反面，左右两侧均留出1cm的空隙，上缘留出1.6cm空隙。重要说明的是，黏合衬的边线必须与面料的直丝缕方向平行，面料的毛向朝下。

裁两块口袋布，方向为直丝缕，长宽均为15.2cm，分别在两块口袋布上缘一侧斜裁掉一块边长约为1.3cm的斜角。

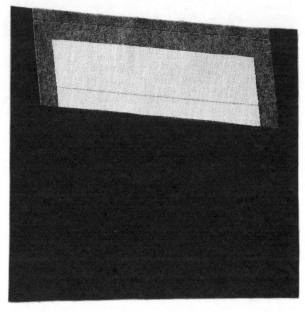

距离边缘6mm，将开线布与口袋布上缘对齐并缝合起来，缝份分开烫平。

沿着有纺衬的上缘边线翻折开线布。

在黏合衬的两边，用棉线将**嵌条布**绷缝在口袋布上，使得**单开线袋**自然地倒向口袋中部，这样做的目的是为了在**单开线袋**翻到正面时，口袋布的布边不会显露在外。

车缝黏合衬的边缘，用棉线固定两侧车缝线的上端，下端不固定。

将拼缝分开烫平，并将**嵌条布**翻折到正面。

沿着车缝线裁切袋口，缝份修剪成6mm宽，同时将嵌条布上缘的两端修剪成三角形。

为了能将嵌袋口两端的尖角完整地拉出，可在尖角处手缝一针，并在口袋翻正后，从正面轻轻拉两端线头，从而拽出尖角，这比用剪刀从里面戳出尖角更为安全。尖角拉出后，在正面熨烫**嵌袋口**。

小心仔细地揭开**嵌条布**的底缝，只要能露出画在黏合衬上的拼缝线即可。

将**嵌条布**正面朝下放置在前衣片上，将黏合衬上画好的拼缝线与前衣片上的定位线对齐并车缝在一起。如果在这一步工序中，你发现**嵌条布**上下颠倒，不要担心，此时它就应该是这个方向。

将**嵌条布**与前衣片手工绷缝在一起，然后进行车缝，**嵌条布**两端车缝来回针固定好。

裁一块直丝缕方向的口袋布，长宽分别为5cm和15.2cm，将这块口袋布放在西装反面。口袋布底边对着前片嵌线袋定位线下1.3cm的位置。大头针别插或手工绷缝将口袋布固定住。这块口袋布被称为加固布，因为它的作用是增加这个位置面料的牢度。

将**嵌条布**两边的缝份修剪成尖角形。

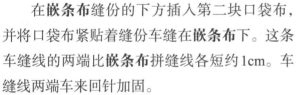

在**嵌条布**缝份的下方插入第二块口袋布，并将口袋布紧贴着缝份车缝在**嵌条布**下。这条车缝线的两端比**嵌条布**拼缝线各短约1cm。车缝线两端车来回针加固。

从西装衣片的反面，可以清楚地看到加固布条上的两条车缝线。在两条车缝线之间，从中部开始，向两端同时剪开开线布和西装衣片。剪切的同时，将**嵌条布**缝份和口袋布拉起，以免误剪而造成破损。在车缝线两边的末端，各剪一个边长1cm的三角剪口，剪口末端尽量靠近两条车缝线的最后一个针脚，但不能剪断针脚。三角剪口的裁剪并不难，但要想制作出精美的口袋，这一步的操作至关重要。

如果三角剪口底部的末端，没有剪到车缝线的最后一个针脚的话，那么制作完成的口袋边角会起皱。

如果剪口末端剪断了车缝线的最后一个针脚，那么前片胸袋的袋口边就会出现一个洞眼。为了避免出现袋口起皱和洞眼，每一步都要认真细致地操作。

在前衣片的正面，**单开线袋**现在应该呈袋口向上的状态，将袋口手工绷缝住。

穿过剪口，将袋布拉至衣片的反面。另将**单开线袋**与衣片的拼接缝分开烫平。

在前衣片的反面，使用三角针法将**单开线袋**与衣片拼接的两侧手工缝合在一起。注意三角针缝的针脚不能在衣片正面露出。

将两层口袋布车缝在一起，并剪齐缝份。不要修剪加固布条，加固布条将在后道工序中用作胸衬的附件。

你可能准备在**单开线袋**袋口两端加上装饰套结。如果用浸过蜂蜡，并在两张纸之间烫平的锁纽洞线，蜂蜡会熔进线缝里，缝制后的外观更加整洁美观。在**单开线袋**袋口两边各缝一针，并将针脚拉至衣片内部固定住，整个**单开线袋**制作完毕。

单开线袋的对格对条设计

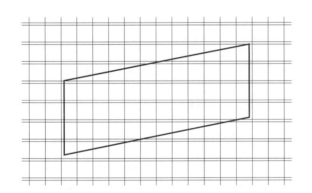

因为西装胸部的**单开线袋**附近没有省道或拼缝线经过，所以条纹面料的**单开线胸袋**，在水平和垂直方向完全可以与衣片对齐。

口袋与衣身条、格纹对准的最好方法，是在制作单开线袋时，就在相应的黏合衬上画上格子（见本书93页内容）作为标识。

在西装前衣片上，铺放一块修剪好的黏合

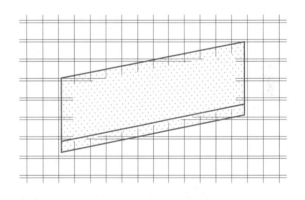

衬，黏胶面朝上，将**单开线袋**的缝合线对准大身上的袋位线。然后根据衣片的格纹，在黏合衬的四边画上对齐的格纹。

然后将标记好的黏合衬，黏胶面朝下放在一块西装面料的反面，格纹与面料上格纹对齐后裁剪，这样**单开线袋**的顶部、两侧以及底部都可以对齐了。

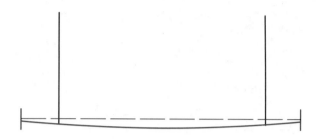

男西装的双开线袋长约14.6cm到15.2cm。成品双开线袋的上下**嵌条布**宽度均为6mm。在西装前衣片正面用曲线板绘制口袋定位线，口袋定位线略呈弧形，中部向下弯弧约3mm，最

后制作好的袋口并不会出现任何弧度，定位线弯弧的目的是防止口袋在闲置不用时，袋口不美观地张开。拆除前衣片上口袋定位线两端的线钉，改用划粉笔标记下袋口两端的止口位置。

每个双开线袋需要用西装衣身面料裁两块**嵌条布**。一块嵌条布长宽分别为20.3cm和3.8cm，另一块嵌条布长宽分别为20.3cm和5cm，均为直丝缕方向，毛向朝下。

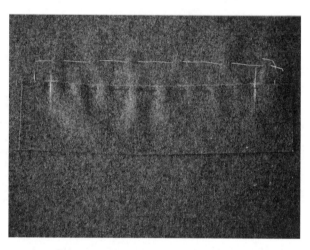

将较宽的那块**嵌条布**，正面朝上放置在西装前衣片上，嵌条布的毛向朝上。**嵌条布**的上缘应与口袋定位线对齐。紧靠着嵌条布的上缘，将**嵌条布**、衣身和加固布条绷缝在一起。因为口袋定位线呈略弧形，会在**嵌条布**中部出现一些细小的皱痕。用划粉笔在嵌条布上标记下口袋定位线两端止口位置。

裁一块口袋布用作加固布条，长宽分别为20.3cm和6.4cm，方向为直丝缕。在西装前衣片的反面，将加固布条的正中对准口袋定位线，手工绷缝或别插大头针将加固布条固定在前衣片上。

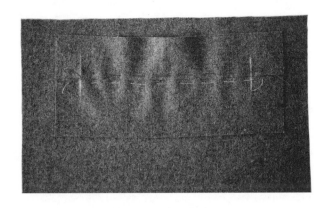

将第二块嵌条布正面朝下放置在西装前衣片上，嵌条布的毛向朝上，两块嵌条布的边缘相互连接。紧靠着嵌条布边手工将第二块嵌条布绷缝固定住。

用划粉笔在上方的嵌条布上标记下口袋定位线的两端止口。

在平面烫台上蒸汽熨烫**嵌条布**，烫平布条上的折痕。

有一点非常重要，那就是这两条车缝线的两端必须垂直对齐。如果不对齐的话，完成后的袋口会歪斜扭曲，不会整齐服帖，服装整体效果就达不到高级西装的水准。

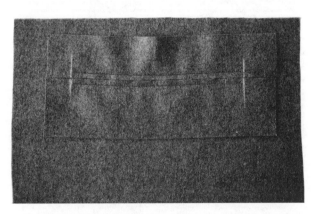

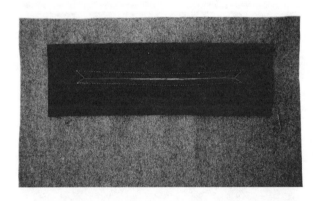

在西装前衣片的反面，从中间向两端同步剪开开线布和衣片面料，将**嵌条布**小心地向两边拉起，以免被误剪到。

在剪口末端各剪一个边长为1cm的三角形剪口，三角形剪口的末端尽可能靠近上下两条车缝线的最后一个针脚。这一步工艺中，三角形剪口的裁切至关重要。

在口袋定位线的上下两侧，距离定位线6mm分别车缝两条线，将**嵌条布**缝到西装衣片上。这两条线不是绝对平行的，两条车缝线的中部都比两端略微靠近口袋定位线。参考上图内容，了解我们所说的"略微"大概是多大的程度。这两条线在成衣口袋中并不会显露在外，略微弯曲的线条主要是防止双开线袋的袋口闲置时不美观地张开。

如果三角形剪口没有剪到缝线的最后一个针脚，那么制作完成后的袋口中部就会不美观地拱起。

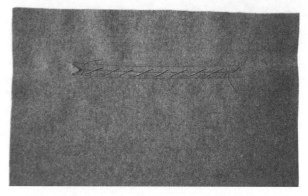

在熨烫馒头上铺上烫布，蒸汽熨烫袋口的正面。

如果裁切三角剪口时，剪断了缝线的最后一个针脚，那么制作完成的前片口袋末端就会出现一个洞眼。为了避免袋口拱起或出现上述的洞眼，这一步工艺需要集中注意力认真完成。

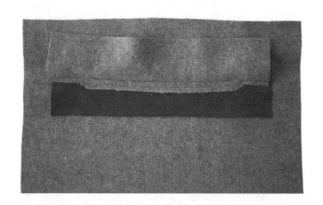

将两条**嵌条布**翻至西装前衣片的反面，并将拼缝线分开烫平。

将上下两块**嵌条布**对齐闭合好，然后用包缝针法缝合在一起，这样当我们处理三角剪口时，袋口就不会发生偏移。

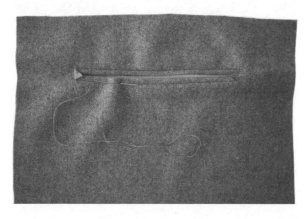

沿着缝份的宽度，在嵌条与衣片的拼缝中，用丝光线手工回针法固定住**嵌条布**，袋口两端的三角剪口暂时不要缝。缝制时，上下**嵌条布**均需保持均匀整齐，缝线要隐藏在拼缝线中。

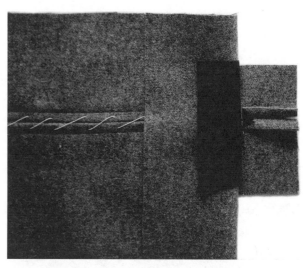

将三角剪口推到衣片的反面并垂直固定住，这样袋口两侧就呈直线，而不是斜线。使用回针法将三角剪口与**嵌条布**手工缝住，可以更好地控制袋口边形状，但这样操作也具有一定的难度，因为这个缝合面积非常小，可以用小段车缝代替手工缝，车缝时起针和收针都要非常小心，针脚要正好落在三角剪口的底边上。

　　裁一块直丝缕方向的口袋布，宽度为20.3cm，长度是两倍口袋深再加上5cm。西装的口袋深随着西装衣长的变化而变化，但原则上口袋深不应超出成品西装底摆上方约2.5cm。

　　裁一块直丝缕方向的西装面料作为口袋的**贴边**，毛向朝下，宽5cm和长20.3cm。明缲线将**贴边**的折边缝到口袋布上方，**贴边**顶部长出约1.3cm宽的口袋布。

　　口袋布的**贴边**一面与西装前衣片的反面相对，将口袋布的底边缝到下方**嵌条布**的布边上，缝份宽度为6mm。

将口袋布向下拉直，用大拇指扣压平拼缝线。再将口袋布上缘与上方**嵌条布**的布边对齐。

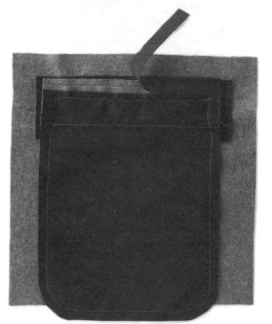

紧贴着西装衣身面料车缝加固布条，车缝袋口，转角固定住三角剪口位置，接着沿着口袋布四周车缝整只口袋。

修剪口袋布三边的缝份，但不要修剪加固布条上的缝份。提起加固布条上的上层口袋布，修剪掉缝份上多余的面料，以减少口袋布的厚度。

许多高级定制裁缝师不用套结加固袋口，他们多选择D型针迹，这种加固针迹如同钳子一般，可以更结实地固定住袋口边缘。

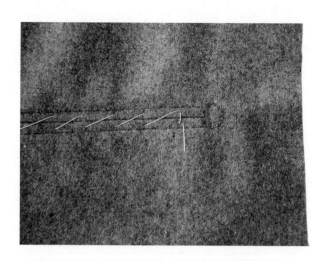

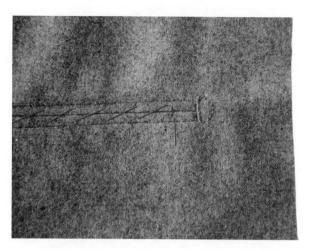

如果学习者愿意尝试，袋口两侧也可以用锁纽洞专用的丝光线打上套结。如果使用浸过蜂蜡，并在两张纸之间烫平的锁纽洞线，因为蜂蜡已熔进线缝里，所以缝制后的套结外观更加整齐美观。

将袋口整齐地闭合后用棉线绷缝起来，直到西装被正式使用时，才可拆开。

使用熨烫馒头和垫布，正面蒸汽熨烫制作完成的口袋。

双开线袋的对格对条设计

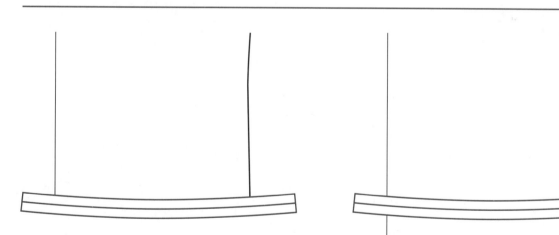

在绝大多数高级男装款式中，靠近臀线的双开线袋口上方都会开两条线，一条是前腰省，另一条是侧片拼缝线。根据具体纸样设计的不同，双开线袋袋口下方有的是一条拼缝线，有的则没有开缝或省道设计。

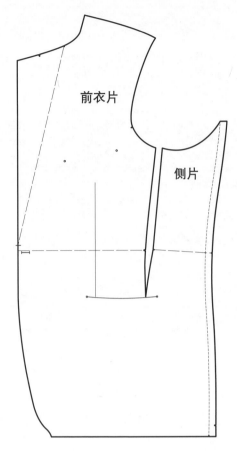

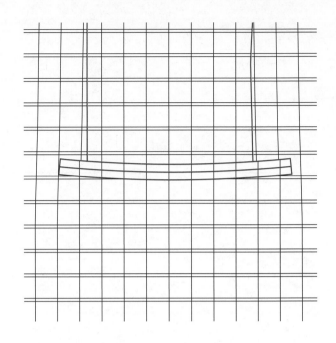

最适合格纹或条纹面料的西装纸样是口袋下方没有衣片拼缝线，用省道代替衣身分割的西装款式。这种西装口袋下方的格纹不会因拼缝线而无法对齐。而在口袋上方，如果想要获得合体的衣身造型，拼缝线设计是无法避免的。

在条纹面料上，沿着直丝缕方向裁切**嵌条布**，并将嵌条放置在西装衣片上，让**嵌条布**处于两根条纹之间，以这种方式裁剪**嵌条布**，可避免**嵌条布**必须与衣片条纹对齐的问题。

在格纹面料上，由于垂直方向的格纹必须对齐，所以裁剪**嵌条布**时，应避免有任何水平方向的线条，以防增加制作的难度。

沿着直丝缕方向裁剪**嵌条布**，在口袋中部对齐格纹线，西装上位于口袋止口的格纹因为省道的原因已经扭曲，将**嵌条布**中部对齐，两端的轻微不对齐不要紧。即便是最昂贵的定制格纹西装，也无法绝对精确地对齐口袋的两端。

我们不建议沿着斜丝缕方向裁剪**嵌条布**，虽然这么做会出现完全不同方向的线条，因而避免了格纹必须对齐的问题，但是极易变形的斜裁**嵌条布**，将导致袋口难以闭合。

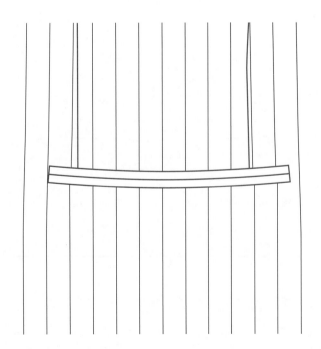

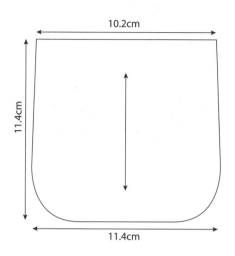

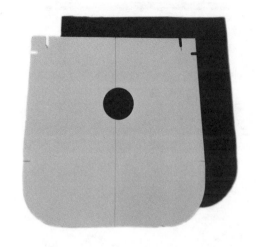

当学习者掌握了复杂的双开线袋的制作方法，那么在袋内加缝一个微型内置袋就相对简单的多了，最常见的内置袋是零钱袋。

除了双开线袋需要的面料之外，还需要准备一块经向的口袋布，口袋布的长、宽、高分别为10.2cm、11.4cm和11.4cm，将口袋布底边两侧修剪成圆角。

将上端的拼缝线分开烫平。折叠底部的缝份，并使用明缏线手缝固定。

从双开线袋的口袋布的上端裁下一条宽约6.4cm的布条，然后将布条与被裁的口袋布上平线对齐缝合在一起，缝份为1cm。

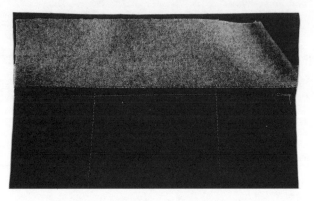

现在将西装面料裁剪的**贴边**放在口袋布的正面。**贴边**折边的一侧对齐口袋布拼缝线，然后车明缉线压缝**贴边**。

如果正在制作的双开线口袋有**袋盖**的话，那么就不需要**贴边**。这种情况下，在拼缝线上直接缉线固定住上面的缝份即可。

把零钱袋的裁片放在口袋布的反面，零钱袋袋口线正好位于上缝份上，沿着零钱袋的三边缉缝，缝份为1cm。

拆开零钱袋顶部的拼缝线，零钱袋可以盛装物品了，零钱袋制作完成。

现在双开线袋全部制作完毕。

有袋盖的双开线袋

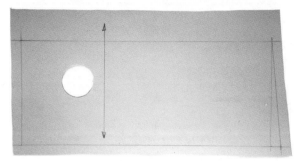

要制作**袋盖**的纸样，需先绘制一个矩形，尺寸为成品**袋盖**的尺寸。如袋口宽为15.2cm，袋盖长应为15.6cm，袋盖宽应为6.4cm。在矩形的右下角，向外延长6mm。在矩形上边缘加上1.9cm的缝份，其他三边加6mm缝份。根据修改后的矩形纸样，沿直丝缕方向，毛向朝下，用西装面料裁剪袋盖。

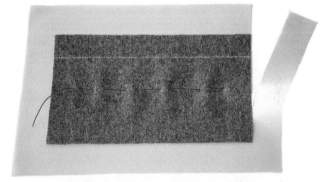

成品**袋盖**装上双开线袋袋口后的宽度约为6.4cm。**袋盖**后侧比前侧略长一些，以满足西装外形视觉平衡的需要，这种袋盖形状也比正四边形线条更美观。

袋盖的上缘应比装入的袋口宽出3mm。多出的这个3mm**松量**是为了满足人体立体轮廓的需要，可以让袋盖闭合时形状更加自然美观。如果学习者是第一次制作口袋，可先做袋盖再做口袋，这样控制袋盖的**松量**更容易一些。

将**袋盖**正面向下，与直丝缕方向裁剪的袋盖里布正面相对绷缝在一起。沿着袋盖形状，均匀地修剪好**袋盖**里布的形状。

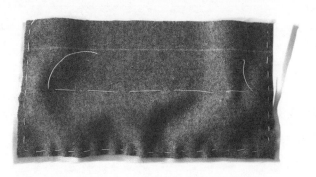 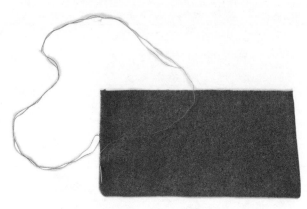

紧挨着布边绷缝**袋盖**和袋盖里布，绷缝时，将袋盖周边均匀向内归拢3mm，这可以让成品**袋盖**的里布比面布略小一些，确保里布不会在**袋盖**的正面露出，然后将多余的袋盖里布修剪掉。

为了最后让**袋盖**形状硬挺，沿着袋盖边缘选用丝光线和针尖缝法绕缝一圈。

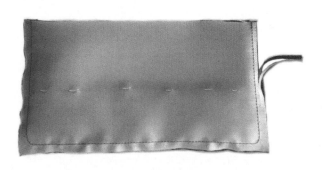 

沿着袋盖三边车缝，缝份为6mm。车缝时袋盖里布正面朝上，避免滑爽的袋里布发生偏移。将缝份修剪至3mm，**袋盖**翻至正面朝外。

正面熨烫**袋盖**，绷缝袋盖顶部并固定住袋盖的里布。

从**袋盖**底边向上量取6.4cm的距离，用划粉笔绘制一条水平线，这条线是缝入袋口的**袋盖**位置的标识线。

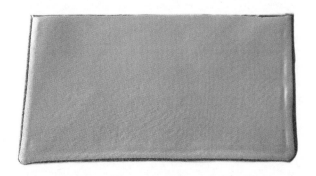

从袋盖里布一侧可以看到周边一圈细细的袋盖面布。

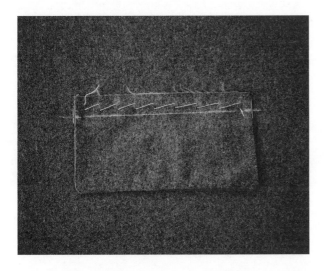

将**袋盖**放在西装前衣片上。**袋盖**上的划粉笔标识线与西装上的口袋定位线对齐，另用划粉笔在西装口袋定位线两端标明**袋盖**的准确宽度。

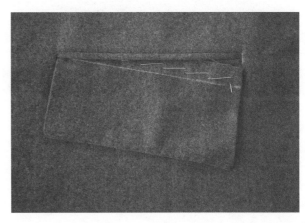

双开线袋现在已经根据前面介绍的方法制作完成了。当三角被翻至**嵌条布**后方时打开袋口（见本书102页内容），根据**袋盖**上的划粉标记，将**袋盖**插入袋口中。

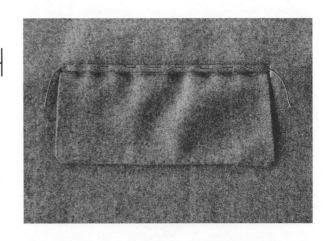

绷缝住上方的**嵌条布**，将**袋盖**固定住，袋盖上3mm的**松量**应被归拢至**袋盖**中部位置。

袋口宽应比**袋盖**小3mm。因此，袋口定位线两端的袋盖宽标记都应各收进1.5mm。认真测量这个尺寸。如果**袋盖**比袋口宽出的尺寸超过3mm，制作好的口袋上袋盖就会拱起，外观不平服，形状也不美观。

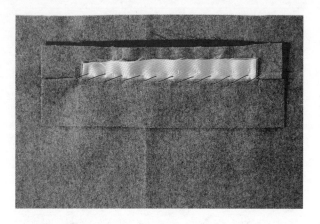

在西装前衣片的反面，将袋口自然闭合，并手工绷缝住，同时也将**袋盖**与袋口上方一侧的**嵌条布**固定住。

在熨烫馒头上蒸汽熨烫**袋盖**的反面。熨烫后**袋盖**上的微小拱起会烫平，如果起伏还没有消失，可以在口袋正面再次蒸汽熨烫袋盖。

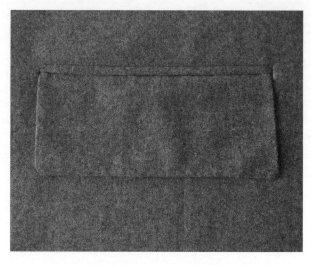

根据双开线袋制作方法制作的口袋内部结构除了没有**贴边**之外，由于**袋盖**盖住了袋口，所以口袋内不再需要服装面料**贴边**，面料**贴边**可以改用一块小面积里布**贴边**代替，或者口袋内部就取消缝制**贴边**工艺。

当口袋布与上方**嵌条布**车缝起来（见本书104页内容）时，**袋盖**同时也被固定住，这样口袋就与衣片连系在一起。

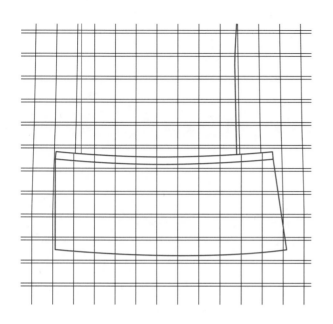
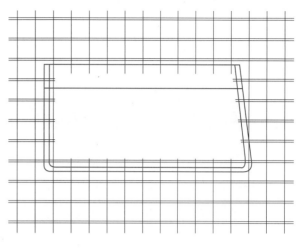

最适合格纹面料的西装纸样是口袋下方为省道而非衣片分割的纸样（见本书22页内容）。如果袋口下没有影响格纹对齐的拼缝线，就可以为双开线袋裁制一个**袋盖**，这样双开线袋既可以与侧缝和**袋盖**下摆的西装面料对齐，也可以与上方的**嵌条布**对齐。

将**袋盖**纸样（见本书109页内容）放在西装前片上，**袋盖**定位线和口袋定位线对齐。

在**袋盖**纸样上，沿着四边标记格纹位置，每只口袋都必须单独绘制，因为不同口袋对应的格纹线条都有细微的不同。

将**袋盖**纸样放在格纹面料的正面，这样纸样上四周的线条就可以与面料上的格纹对齐一致。

裁剪面料并继续制作口袋（参考本书前面介绍的内容）。

明贴袋

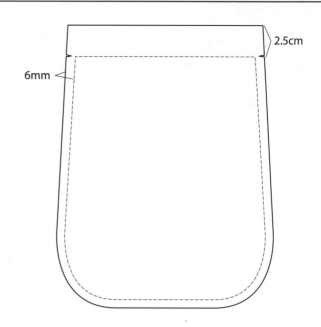

根据明贴袋形状裁一块西装面料，明贴袋袋口向上延长2.5cm，周边加上6mm的缝份。

在袋布两侧，刀眼标记出上平线下2.5cm的袋口位置。

如果西装追求更休闲的效果，可选择明贴袋设计。

西装的明贴袋通常位于臀围线高度，常见的袋口宽在14.6cm至15.2cm，袋深约为22.9cm。明贴袋尺寸可根据西装衣长而有所变化。因为明贴袋的底边比袋口宽出2.5cm左右，所以外形更加美观大方。

西装胸部贴袋的袋口宽约11.4cm至12.7cm，袋深约14cm。

在西装前片上，用划粉笔标记下贴袋定位线（贴袋袋口线）的位置。

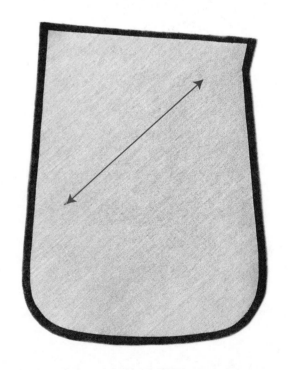

斜裁一块薄型有纺衬，粘烫在口袋布的反面，口袋布四周留6mm宽的空隙不烫衬。

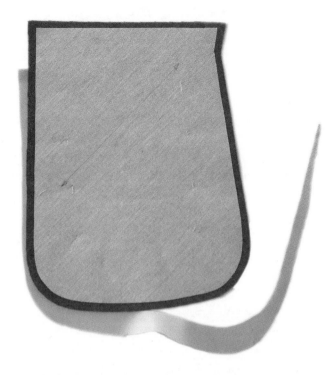

裁剪一块直丝缕方向的袋里布，比明贴袋的尺寸稍许大一些。袋里布上缘朝向反面烫倒1.3cm。

沿着明贴袋周边形状均匀地修剪袋里布。

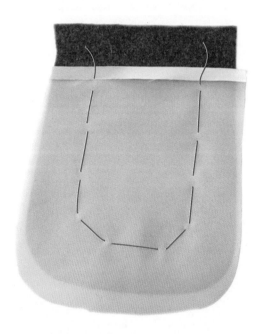

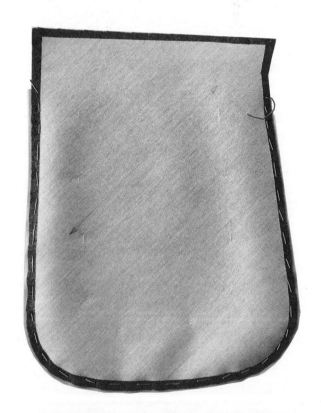

将袋里布和口袋布正面相对叠放在一起，袋里布折边对齐袋布刀眼下方1.3cm的位置。

在袋布烫衬的一面，再次沿着明贴袋外形线进行绷缝固定，这次绷缝时，手工将袋里布四边均匀收进约3mm的量，目的是确保袋面布比袋里布稍微大一些，这样制作完成的明贴袋边缘就不会露出袋里布来。

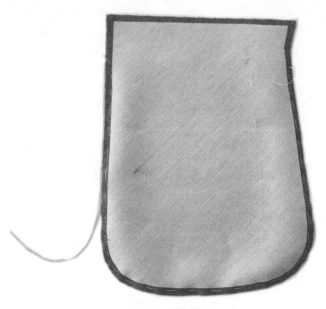

沿着明贴袋形状均匀地修剪袋里布。

沿着口袋的三边车缝，缝份为6mm，袋口两端的尖角车缝来回针固定住。从袋里布的一侧车缝贴袋，这样可以避免袋里布偏移。修剪贴袋的底角，拆除绷缝线，并将明贴袋翻转至正面。

将2.5cm袋口折边扣倒在袋里布上，并向下绷缝固定住袋布与袋里布。

再一次手工绷缝贴袋的四边，在贴袋正面蒸汽熨烫整个口袋。手缝将袋里布的折边固定在口袋上端。贴袋制作完毕，准备下一步缝制到西装上。

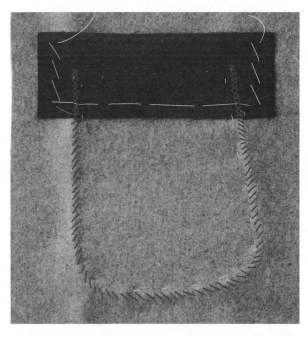

裁剪一块直丝缕方向的口袋布用作加固布条，宽度为7.6cm，长度比成品明贴袋长出5cm。以口袋定位线为中心，将加固布条放置在西装前衣片的反面，然后手工绷缝或大头针别插在衣片上。

在西装前衣片的反面，用丝光线斜向针脚将贴袋手缝固定在衣片上。在袋口加固部位，再加一排斜针绷缝。

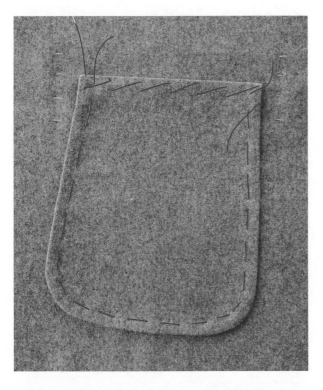

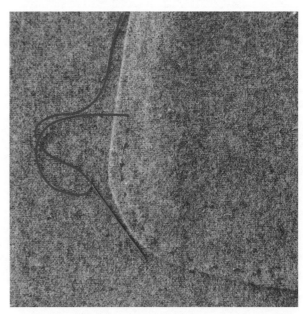

在西装前衣片的正面，将明贴袋袋口对齐口袋定位线，然后将贴袋手工绷缝在西装上。

你可能会选择在前片口袋上加一圈手缝明缉线装饰，如果这样的话，用浸过蜂蜡，并在两层纸之间熨烫过的锁纽洞专用线来缝纫。熨斗的热度会熔化蜂蜡，使之浸入缝线中，缝线会更滑更结实。如果愿意的话，还可以在袋口的两端各加缝一个套结，作为最后的装饰点缀。

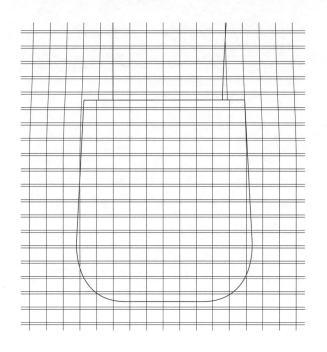
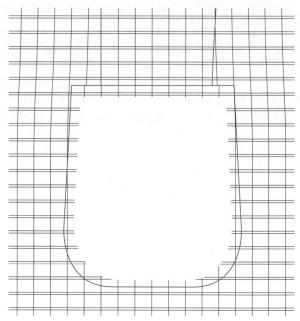

明贴袋两侧和底边的格纹应该与西装衣身上的格纹完美地对齐，但是由于男装腰部有腰省结构，所以在袋口两端的西装衣身的格纹会有细微的扭斜。

为了能使格纹对齐，需将明贴袋纸样放在西装前片上进行裁剪（见本书114页内容）。明贴袋顶部向后翻折2.5cm，并剪切刀眼标记位置，刀眼口对应的就是贴袋袋口线两端。在纸样上沿着袋边绘制对应短线标记，标记下衣身格纹的方向，每只贴袋需单独绘制，因为不同口袋的线条会有细微的差别。

展开明贴袋顶部翻折的2.5cm，并将纸样放置在格纹面料的正面，调整纸样方向，使得贴袋纸样上的线条与面料上的能吻合。

根据上面介绍的步骤裁剪面料，继续进行口袋的制作。

高级男西装胸衬的制作

胸衬的准备工作

　　"胸衬"是西装内部胸部支撑衬料的统称，由羊毛**衬料**、马尾衬和法式衬布组成，其中部分衬料被法兰绒覆面包裹在内部。

　　这几层胸衬主要集中使用在西装的**胸部**区域，意味着西装因此拥有一个不完全依靠人体的支撑体，使用胸衬的目的是更好地控制面料，减少其对褶皱和拉伸的敏感性。

　　缝纫供应商店会销售预先制作好的西装胸衬，这种胸衬是按照西装的平均尺寸设计的。虽然许多裁缝师使用这些现成的前片胸衬，但本书仍然为学习者介绍了制作胸衬的基本方法，因为我们认为"平均"尺寸的衬料是不可能完全适合度身定制的高级西装的。

　　自制羊毛**胸衬**是以西装前片纸样为模板，沿着直丝缕方向裁剪的。沿着纸样的边缘，在袖窿边、肩部、领部、**驳头**和前片等处均匀放出1.3cm松量，在前片下摆的圆弧处多留出一些面料。袖窿线上的腋点向外侧延长5cm，大约延伸至腋点中间位置。

　　在胸衬上标识出翻折线的上下端点和省尖点，然后移走纸样。

　　在胸衬上绘制驳领翻折线。建议胸衬上使用压条工艺，而不是采用缝制双头省的方法，这样可以避免在胸衬下摆处产生多余的松量。压条的绘制方法可根据下列步骤完成：

　　• 将省道中心线向上延长7.6cm，标记为A点。

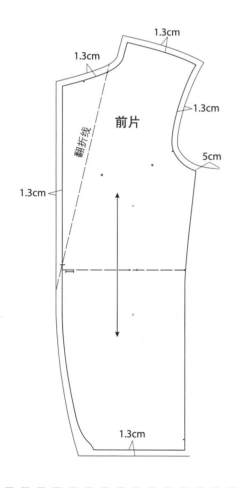

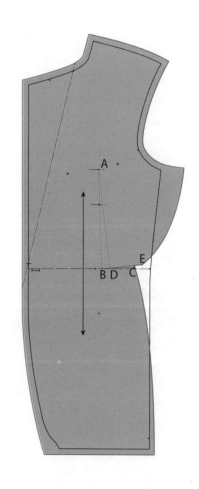

- 将从省道最宽处向着侧缝方向延长**腰节线**。在这条延长线上，标记点B，从离中心前部最近的省位向外量取1.9cm，标记为点B。

- 连接A点和B点。从B点向着侧缝方向绘制一条垂线。在这条垂线上，距离B点6.4cm的位置标记点C。

- 在B点和C点之间标记D点。B点和D点之间的距离应等于前衣片纸样上省道最宽值再加上6mm。

- 连接A点和D点。在这条新连线上，从D点向着侧缝方向绘制一条垂线，在垂线上，距离D点6.4cm处标记点E。

- 从腋点到E点画一条弧线。

- 从C点到下摆绘制一条流畅的圆弧形。

注意，当省道合并时，C、D和E点之间的楔形形状将消失，而剪开的省道毛边将被平整地对接拼缝在一起。

裁剪胸衬。胸衬没有正反面之分，但是为了便于制作，须在每块裁片的反面标记一个"X"符号。

沿着省道拼缝线剪开省道。

将胸衬的肩线长分为三等份，在靠近领部的三分之一等分处，垂直于肩线剪切一个7.6cm宽的剪口。

裁剪一块梯形斜丝缕方向的羊毛**胸衬**，长度为10.2cm，底边长为3.8cm，顶边长1.3cm。使用明缉线将其手缝在胸衬反面的肩部剪开的省道上，缝后的省道宽为1.3cm。

在西装前片肩线的中点位置，从肩拼缝线下2.5cm处到**腰节线**上5cm处进行测量，根据测量获得的尺寸裁剪一块马尾衬，并将马尾衬的毛边修剪整齐。

将剪好的马尾衬对折。从顶边中心线右侧2.5cm处到底边中心线左侧2.5cm处画一条斜线，并沿着这条斜线将马尾衬剪开。

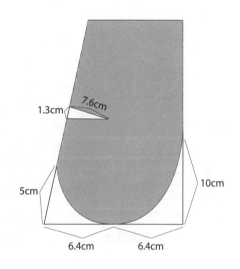

将一根斜裁的口袋布条手工明缉线缝在胸衬反面形成**腰节线**上的压条，并使用对接缝将压条毛边锁住，另沿着口袋布条手缝一排锯齿形，将压条固定住。

将两层马尾衬叠放在一起，顶部修窄（马尾衬没有正反面之分），根据上图所示，修剪马尾衬的底边。在"胸廓"或称为"胸罩"的较长一边的中部位置，绘制一条7.6cm长的省道，省道宽为1.3cm，并将这个省道剪开。

使用胸衬作为模板，裁剪两块法兰绒覆面，方向为直丝缕，四周比模板均大出1.3cm，法兰绒覆面上不开省道。

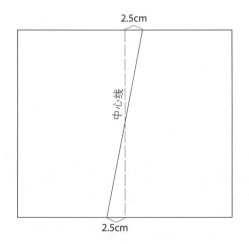

市面上常见的马尾衬幅宽为45.7cm，宽度方向有马尾流苏。

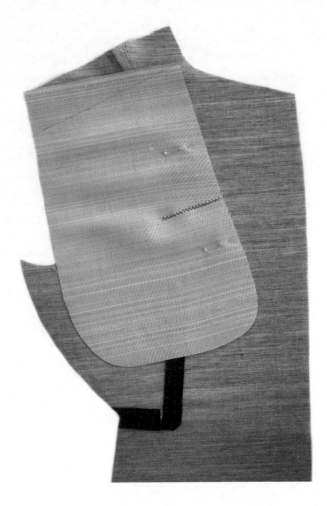 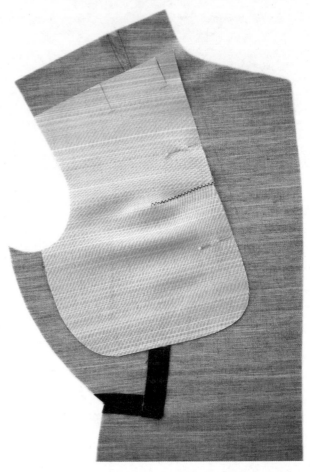

用锯齿缝针法将马尾衬上的省道手工缝住（将省道边用对接缝缝在一起）。这里省道不需要用口袋布加固。

当省道缝好后，将马尾衬放在胸衬上，马尾衬的布边距离驳领翻折线1.3cm。马尾衬上缘需进行修剪，修剪后马尾衬上缘与胸衬的肩线平行，且低于胸衬肩线5cm。

在袖窿处，将马尾衬与胸衬修齐。

在马尾衬上，肩省左右两侧3.8cm处分别裁两个剪口，剪口深为3.8cm。

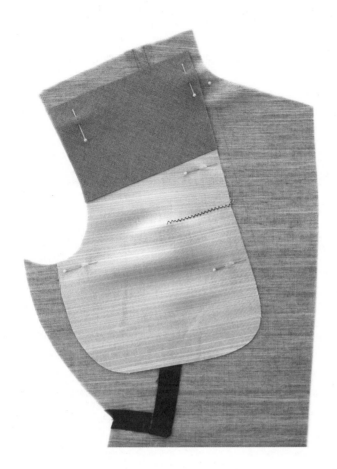

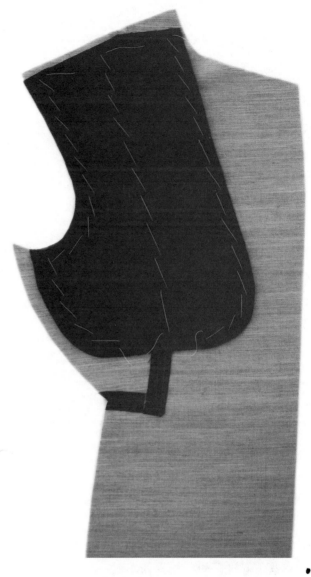

在马尾衬上方，铺一块宽度为12.7cm的斜裁的法式衬布，衬布顶边比马尾衬高出2.5cm。

沿着袖窿弧线，将法式衬布与胸衬修齐。

从驳领翻折线向肩线内6mm处铺放法兰绒覆面，将法兰绒覆面的肩部和袖窿与胸衬对齐修剪。使用棉线将几层衬料手工绷缝在一起（如上图所示）。

西装穿着时，胸衬的法兰绒覆面将是贴近人体的一侧，这样可防止马尾衬透过衬里布刮擦客户身体。

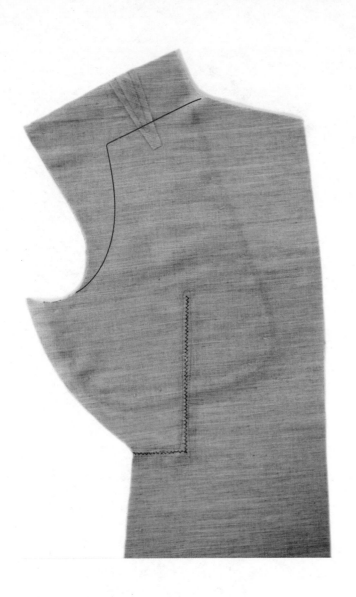

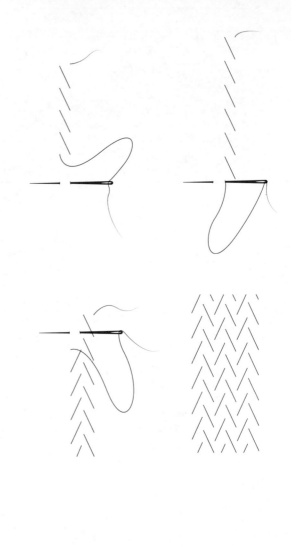

在胸衬正面，用划粉笔画一条标识线，在标识线下，马尾衬、法式衬布和法兰绒覆面将被纳缝到**胸衬**上。这条标识线，位于肩线下约6.4cm处，在距离袖窿7.6cm的位置，标识线向下弯转，并逐渐收窄，弧形连至腋点位置。

纳缝针迹是一种斜向排列的针迹，一排与另一排针脚之间呈八字形，用于连接两层或多层面料。纳缝后的多层面料可以作为一块裁片使用，同时多层面料在使用中仍然保留了各自的面料特性。如果纳缝时针脚拉得太紧，面料就会皱起，并在两排线出现拱起的皱褶。西装结构制作中，会有好几个部位使用到纳缝工艺。

这里要注意，因为制作完成的西装上不能显露针脚，可以用绷缝细线在面料上挑起3mm（底面露出的针距）宽进行纳缝。斜向纳缝的针距最好是1cm宽，纳缝时不要花时间测量具体的针距，凭着感觉缝即可。

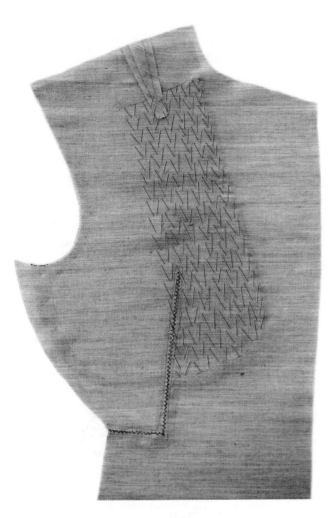 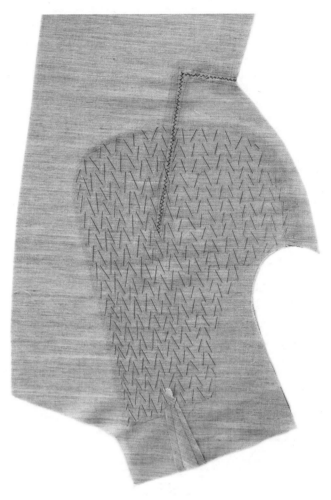

　　虽然西装的胸廓现在还较为蓬松，不够服贴，但是一次只纳缝半个衣片还是比较容易控制的。从中部开始沿着垂直方向排线纳缝，一直缝到法兰绒覆面底部的翻折线位置，然后从中部向法兰绒覆面的外侧纳缝，一直缝到袖窿处。注意：只在划粉笔标识线以下的法兰绒覆面上纳缝。

　　在半个胸廓上，胸衬朝上时纳缝较易操作，纳缝从哪一侧开始取决于你习惯用哪只手操作，以及准备缝的是西装的哪一边。纳缝是在胸衬正面进行的，因为在这一侧纳缝，胸衬才能塑造出胸廓的形状。成品西装胸廓的反面将是贴近人体的一面。正面纳缝胸衬时，应将胸衬朝向身体方向进行定型。

在胸衬的反面，使用暗缲缝针法将法兰绒覆面的边缘手工缝合到胸衬上。

现在稍微熨烫一下胸衬，准备下一步与西装前片的拼缝。

现在将制作好的胸衬和西装前片绷缝在一起，这样它们就可以作为一块裁片来进行制作。需要强调的是，西装前片必须平整地铺放在胸衬上进行绷缝，前片上如果有任何不平和起伏，前片与胸衬绷缝到一起后，都不能再被熨平。因此，要手缝几排缝线，控制住两层面料，绷缝时要非常小心，仔细地抚平手针前的面料。上图中的箭头指示面料抚平的方向。

在平面操作台上，将西装前片和胸衬铺放在一起，前片反面与胸衬正面相对。胸衬和西装省道应错开1.9cm宽的距离。由于胸衬压条比西装省道上段部分长（见本书119页内容），它将延伸到西装省道点之上，一条宽约1.3cm的胸衬将会露在西装的边缘。

从前片省道上方，肩线下约7.6cm处开始，向下绷缝西装前片，固定住胸衬并轻轻地抚平前部的衣身面料。每针针距约$1\frac{1}{2}$英寸（3.8cm），缝线松紧适中，不能拉得过紧。参照省道的方法绷缝口袋，一直绷缝至下摆折边处。

小心地将衣身面料平整地翻折起，直至露出口袋的缝边。绷缝口袋缝份的一侧，并手缝斜针加固胸衬的边缘。

在继续进行外部绷缝之前，口袋必须被连接到胸衬上。操作时，一只手按在腰部口袋上，防止西装面料扭斜，另一只手在胸衬**驳头**领尖处缓缓地向上用力拉，动作要"缓慢"而有力，这样的手法将消除所有胸衬上从腰间口袋到**驳头**领尖之间的斜向褶皱。

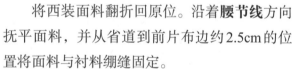

将西装面料翻折回原位。沿着**腰节线**方向抚平面料，并从省道到前片布边约2.5cm的位置将面料与衬料绷缝固定。

在**腰节线**下方，约在第二条绷缝线的中部，从**腰部**至下摆，沿着图中箭头所示的方向，抚平面料并将面料和衬料绷缝在一起。

距离西装边缘约2.5cm的位置，从**腰节线**向下绷缝，一直缝到下摆的上方，然后横向绷缝至胸衬的侧边。

在**腰节线**上方，向上方和外侧抚平衣片，从**腰部**向上开始手缝第五条绷缝线，一直缝到肩线下方7.6cm处。

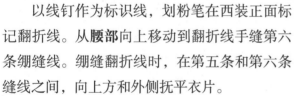

以线钉作为标识线，划粉笔在西装正面标记翻折线。从**腰部**向上移动到翻折线手缝第六条绷缝线。绷缝翻折线时，在第五条和第六条缝线之间，向上方和外侧抚平衣片。

如果绷缝的是西装左前片，小心地将面料向后折，直到**嵌线袋**内部的口袋布露出来为止。袋布的一侧已经绷缝在胸衬上了（见本书127页内容）。现在根据前面介绍的步骤将袋布的另一边与胸衬绷缝起来。腰间口袋布不能绷缝住，因为长度超过了胸衬尺寸。绷缝完成后，将西装衣身面料翻至正面。

用第七条绷缝线压在所有绷缝好的线迹上，沿着袖窿圈形状，与衣片边缘保持7.6cm的间距，并弧形绷缝至**腰部**，再向外侧弯弧，最后向下绷缝至下摆。沿着如图所示的箭头方向轻轻地将绷缝线下的面料抚平。

将弧形的衣片袖窿绷缝到胸衬上，操作时需格外小心，因为这个部位的面料不能有任何拉伸。

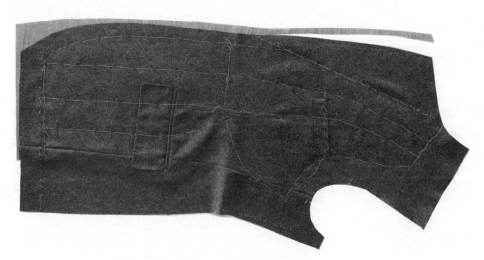

根据西装前衣边的形状，均匀地修剪胸衬。

绷缝完成后，提起西装前片，检查正面各条绷缝线之间的服装面料上有无褶皱，胸衬一侧的辅料应有些许起伏，为衣片提供翻折所需的**松量**。

使用三角针法，将胸衬与口袋顶部的缝份手缝在一起。

现在，胸衬和西装前片的缝装就制作完成了。

纳驳头

为了成品西装上的**驳头**造型挺括美观，现在将胸衬**驳头**与西装**驳头**纳缝（见本书124页内容）在一起。

因为这些针脚会显露在成品西装的**驳头**内侧，所以手缝要选用与西装同色的丝光线进行

纳缝。胸衬一侧的针距大约为1cm，西装一侧则呈细小的针尖缝针迹。

正如前文所述，如果纳缝的针脚拉得太紧，胸衬就会起皱，在成品西装的**挂面**上形成明显的隆起。

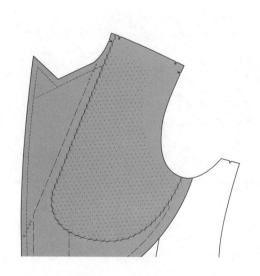

在胸衬**驳头**上用划粉笔标绘缝份。如果西装是戗**驳头**，那要从戗驳领底部再加画一条标识线。

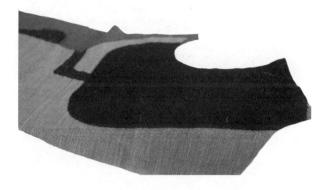

在胸衬的一侧，紧贴着法兰绒覆面的边缘，在**驳头**上纳缝多排线迹，线迹与翻折线平行。为了让**驳头**翻折自然柔软，可把西装放在操作台边缘处进行操作，**驳头**翻折线对齐操作台边缘，让**驳头**自然垂下。

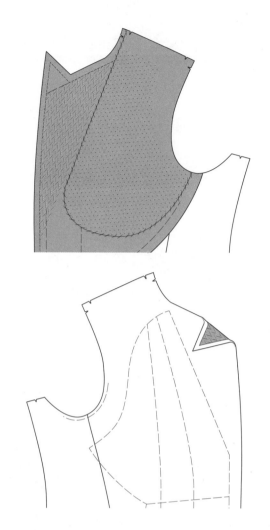

如果你正在缝制的是**戗驳头**，建议增加一次纳缝，为了防止成品服装中的戗驳领向前翻垂，将驳头翻向衣身一侧纳缝。

距离翻折线约3.8cm翻起**驳头**，这样翻折并纳缝好的驳头在成品西装上将保持自然翻转的状态。保持**驳头**翻折状态并继续纳缝。这种翻折**驳头**纳缝的做法，让纳缝好的西装面料的**驳头**面积比胸衬**驳头**面积稍小一些，形成西装衣身牵拉**驳头**的趋势，面辅料面积差造成的衣片定型后的走向，正是我们努力想要获得的自然翻折的**驳头**造型。

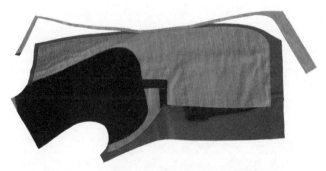

在胸衬上绘制缝份：从领口翻折线后方1.3cm处开始向下经过**驳头**和门襟，直至底摆。

修剪胸衬的缝份，修剪时要非常小心，不要剪到衣身面料的缝份。

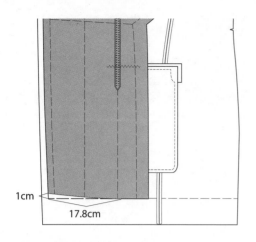

1cm

17.8cm

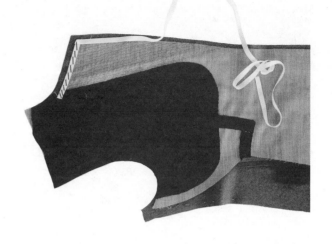

如果你的西装是双排扣，那么右前片必须比左前片要略短一些，这样设计的目的是防止西装纽扣扣起后，右前片从左前片下方显露出来。西装右前片门襟下摆缩短1cm，再与原下摆圆顺连接，修改的长度为17.8cm。

现在沿着驳头和西装前片的外边缘缝装牵条，目的是塑造西装硬挺、清晰的边缘形状。斜向的翻折线也需缝装牵条，用作领口翻折时的支撑。

选用1cm宽的斜纹棉牵条，预先浸过冷水并熨干。在翻折线后方1.3cm处开始绷缝牵条。沿着**驳头**顶部，牵条的上端与胸衬的顶边对齐。

在**驳头**顶点，剪开牵条，剪口紧靠着外侧边缘，然后将牵条沿着**驳头**边铺平。

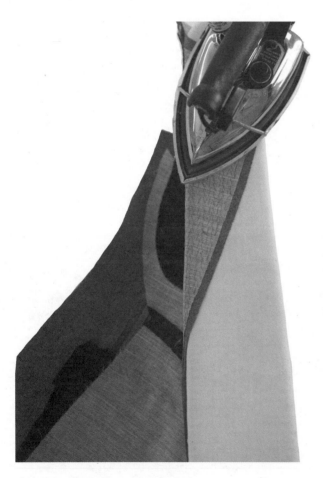

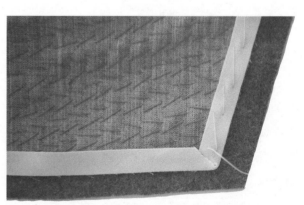

现在从胸衬一侧熨烫**驳头**。注意不要烫平纳驳头时塑造的自然翻折造型。

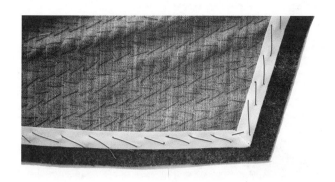

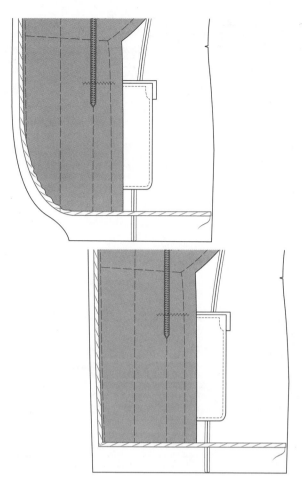

　　修剪**驳头**尖点处牵条的重叠部分，并向下继续绷缝**驳头**和西装前片。驳头上的牵条应缝在领衬边缘内侧，距离领衬边约1.5mm，这将有助于形成**驳头**边薄而坚挺的造型。

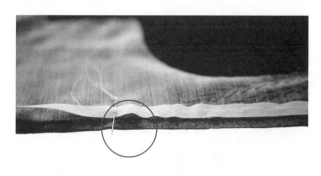

　　在翻折线底端，牵条放出6mm的**松量**，这个**松量**使得**驳头**可以不受限制地自由翻折。

　　沿着西装下摆的上边缘线手缝牵条，牵条的下边缘压在下摆上。

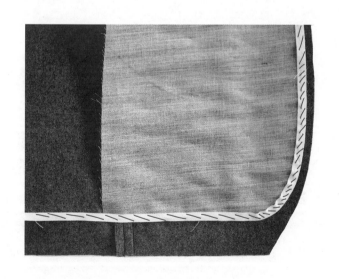

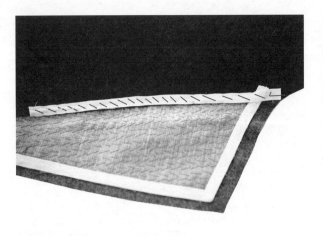

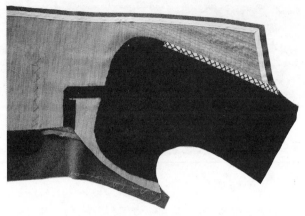

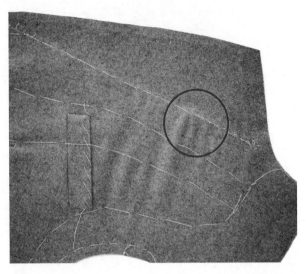

选用丝光线和三角针法沿着翻折线手缝牵条，针脚穿过下方的各层面辅料。针脚应尽量缝住牵条的两边，防止牵条卷曲。当牵条被三角针缝到西装上时，你会发现西装在翻折线中部细小的皱褶不见了。

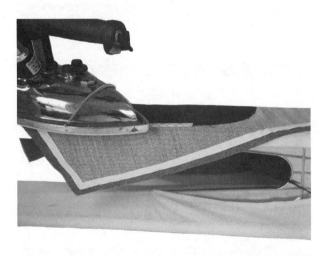

熨烫翻折线上的牵条，让**驳头**呈现自由翻折的状态。

牵条也被用在法兰绒覆面的边缘，放置牵条时，在翻折线外侧留出6mm宽度。将牵条下方的各层面辅料绷缝起来，从颈边向下绷缝约7.6cm，缝两针来回针，然后拉紧牵条继续向下绷缝7.6cm，牵条两侧出现细小的皱褶，在第二段7.6cm的末端缝几针来回针，将细小皱褶保留在这段线迹中，然后不再拉紧牵条，继续向下平整地绷缝牵条。

翻折线只有上方的三分之二区域压缝牵条。下方的三分之一段不缝牵条，以便**驳头**能自由翻折。

拉紧翻折线牵条是为了在翻折线上创造出类似省道的收缩效果。在成品西装中，翻折线在衣身上不会产生拱起的现象。

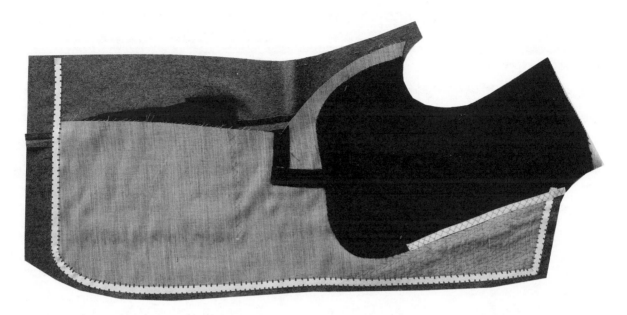

衣片上其余的牵条选用丝光线和暗缲缝针法加固手缝。沿着牵条的外边缘，针脚穿过面料的正面，针脚应尽可能小，手缝时也勿要拉紧。在牵条的内边缘，**驳头**部位的针脚需穿过下方的各层面辅料，到驳头下方后，则只缝住

胸衬。如果**驳头**下方牵条的内边缘缝住了各层面辅料，这些针脚就会显露在成品西装的正面，包括衣片下摆也会出现不美观的线迹。

如果有必要，沿西装前片和**驳头**顶部修剪缝份，在牵条外侧只留下1.3cm宽的缝份量。

第一次试样

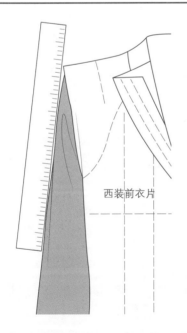

西装前衣片

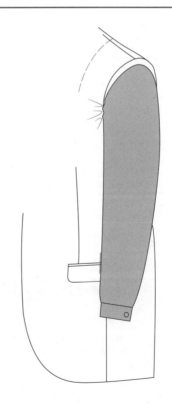

手工绷缝西装的后片和肩线，并由客户进行试穿。西装肩部垫上制作好的垫肩（见本书165页内容），有垫肩的肩线最接近成衣西装的肩部轮廓，便于观察试衣效果。

在西装前片纽洞标识线上，用大头针别住左右前片，仔细观察整件西装的前后片、侧片在试穿时是否有褶皱。

试衣中任何微小的修正尺寸，用划粉笔标记下或大头针别插住。

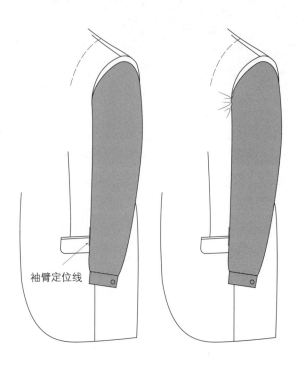

袖臂定位线

特别要注意袖窿形状的变化，当客户手臂自然垂于身体两侧时，观察袖窿前吻合点处有无皱痕或牵拉，以及是否有必要在这个位置对西装面料进行修剪。

检查样衣的肩宽。如果样衣肩线长比客户肩长宽，肩部的面料就需要修剪。检验方法是，在客户的二头肌处放置一把直尺，让它向肩点方向延伸，如果衣片面料在肩点位置宽出直尺外，则西装肩线过宽了，应在装垫肩之前进行修剪。

当客户将手臂自然垂放在体侧时，划粉笔在臀围高度的口袋位置上标记一条线，标下手臂自然前倾的位置，这个标记将用于指导袖片垂势和方向的设计。

拆除后片和肩线的绷缝线迹，并对需要修改的地方进行适当的调整。

后片中缝不必拼缝，直至**挂面**装上衣身后再拼缝。

肩缝不必拼缝，在西装大身装上衬里布之后再缝。

高级男西装挂面的制作

挂面在西装结构中至关重要。挂面必须铺放在**驳头**上小心地裁剪和定型，并加放足够的放松量，使得驳头能翻折自如。如果**挂面**丝缕歪斜或放松量不足，那么西装制作完成后前片要么会起皱，要么会抽紧。

挂面可以通过手缝或车缝工艺与衣身缝合（阅读本书中有关两种工艺过程的介绍，再决定先学习哪一种）。手缝或车缝制作挂面在耗时和方法上的不同并不重要，虽然有人会认为这就是重点，手工缝制**挂面**要求制作者对面料有"感觉"，对于控制面料的能力更有自信。

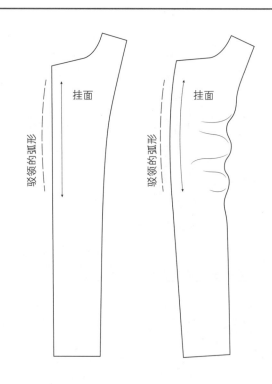

挂面

驳领的形态

挂面

驳领的形态

许多裁缝师缝制挂面时全部采用手缝工艺，因为他们认为这样可以更好地控制面料和制作；另有一些裁缝师制作格纹或条纹面料西装时，只在需要精确对齐条格时才采用手缝工艺。有的裁缝师认为手缝效果不如车缝效果好，车缝**挂面**的线迹更加整齐美观，也更加牢固。那么究竟选择哪种方式来进行制作，学习者根据自己的情况来决定。

根据修改后的**挂面**纸样（见本书26页内容）裁好的**挂面**的外边缘，是一条直线边，因此与西装前衣片的弧形边是不能完全对齐的。在将**挂面**与西装拼缝之前，必须先对挂面的**驳头**部位蒸汽熨烫，将**挂面熨烫**成弧形，与西装**驳头**的形状完全一致。

如果操作者没有把握完全对齐**驳头**和**挂面**弧线，可以在一张纸上描下**驳头**弧线，并用大头针别在烫板上。

然后沿着描线对齐**挂面**和**驳头**的两端，**挂面**中部内侧方向会出现波纹，把这些波纹烫平，挂面的前边缘就会形成驳头的曲线形。

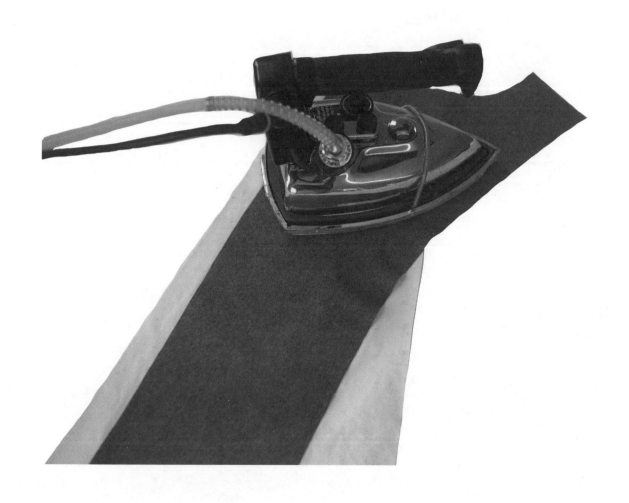

现在是羊毛纤维展示其天然特性的时候，在面料反面，从**驳领**外缘向驳领内部方向使用蒸汽熨烫，熨斗沿着逐渐变小的弧线移动。根据面料的种类，熨烫的时间和程度会有所不同，通常情况下，精纺羊毛面料要比结构松散的粗纺呢绒熨烫难度更大一些。

这步工艺的目的是让**驳领**领边能保持直丝缕方向，条纹或格纹面料中的直丝缕领边效果最明显，因为**驳领**顶部到底部的条纹呈现一条直线，普通西装虽然不明显，但有一点同样重要，就是领边是张力最强的经向，可以有效防止领边起皱和变形。

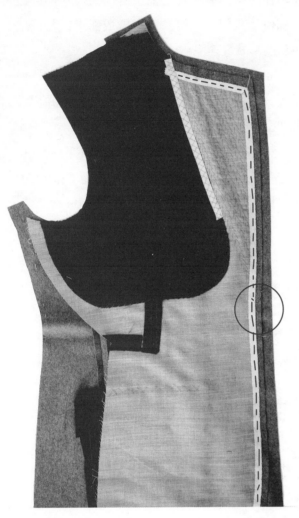

如果西装前片的下摆呈圆弧形，那么绷缝**挂面**的方法要与直摆西装的工艺有些许不同，因为这个部位极易向外弯曲，而导致成衣后衣片向外翻翘，所以要将下摆卷向**挂面**方向进行绷缝，这可以让**挂面**的长度稍短一些，客户穿着成衣时，西装下摆因内部挂面的牵拉不会向外翻翘，前摆的外观也显得平整服贴。

将**挂面**正面与西装正面相对叠放在一起，**挂面**在**驳头**顶部比西装衣片长出1.3cm。从**驳头**尖点开始，向下绷缝衣片，缝线沿着牵条中部，将**挂面**固定在西装上。在翻折线底部的下方，**挂面**加入约6mm的松量，以满足驳头翻折的需要。手工绷缝牵条时加入这个**松量**，使其保持在合适的位置。

如果西装前片下摆是直角，那么就一直绷缝到西装下摆位置。

成品西装上**驳头**尖也应服贴地倒向身体方向，而不是向上翻翘。因为这个原因，现在要在挂面的领尖位置加放一个微小的**松量**，这将

防止**挂面**向前方拉扯**驳头**。在**驳头**的顶部，将**挂面**稍向下移约6mm，形成**松量**，当这个**松量**显露在驳头尖时，从驳头尖到驳领刻口绷缝住驳领边。

是因为尖头内部太狭窄，没有足够的空间容纳缝份。

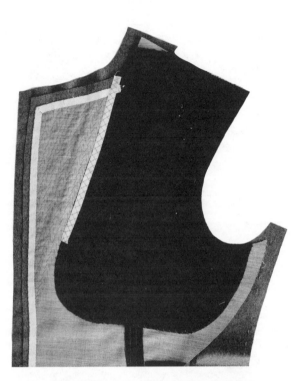

沿着牵条走向，从领嘴刻口到西装下摆车缝大身和挂面。车缝线在缝份上距离牵条约1.5mm。

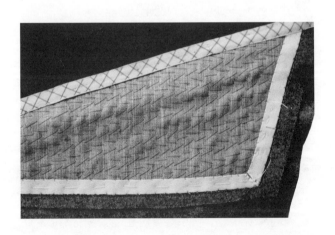

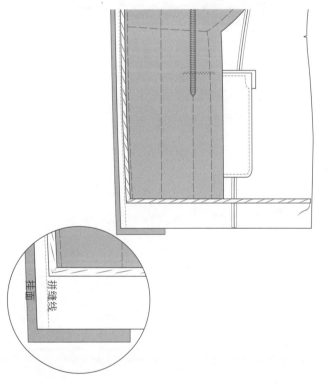

为了**驳头**尖形状漂亮，翻领时，在领尖处斜向扎缝1到2针。领尖如果有尖锐的支点，会导致领尖形状扭曲；**驳头**尖如果呈块状，

如果西装前片的底摆是圆弧形，车缝圆弧形直至**挂面**边缘。

如果西装前片底摆是直角，那么直接车缝到底摆末端即可。

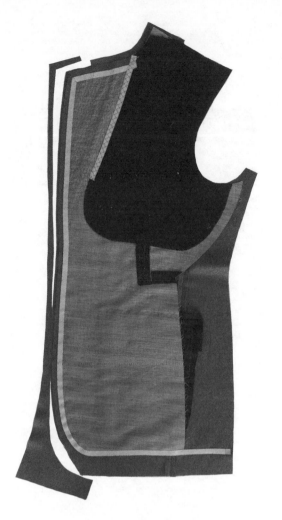

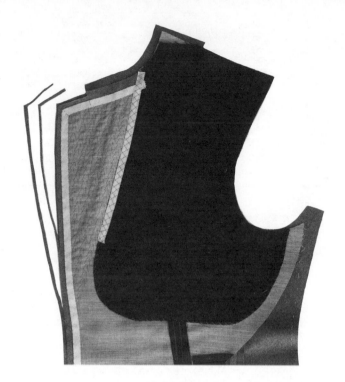

从领嘴刻口开始，**驳头**尖点附近的缝份修剪得略窄一些：西装缝份修剪至约6mm，挂面缝份修剪至1cm。

将**挂面**拼缝分开烫平。

拆除绷缝线迹，并将西装与挂面的缝份分开。将西装缝份修剪至1cm，从西装底摆到**驳头**顶部的**挂面**缝份修剪至1.3cm。

如果**驳头**尖点内的缝份修整均匀的话，**驳头**尖会呈现美观挺翘的造型。为了获得这样的效果，驳头尖点内的西装和挂面的两个缝份都要倒向牵条，先将西装缝份粗缝，稍稍拉紧后扣倒在牵条上，然后将挂面缝份扣倒在其上方，并使用短斜针缝和丝光线缝住固定，所有线迹不能显露在西装面料正面。

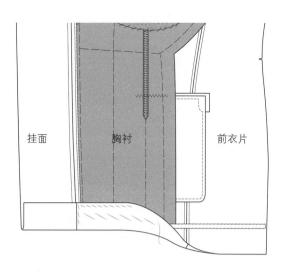

| 挂面 | 胸衬 | 前衣片 |

然后将**驳头**尖熨烫平整。

如果西装前片底摆是圆角，那么圆弧段底摆的缝份也应被粗缝固定在牵条上。

如果西装前片底摆是直角，**挂面**缝份应固定在挂面的下摆上。

前片的底摆无论是直角还是圆角，现在都需用大针距的斜针粗缝起来，然后用短斜针缝进胸衬里（我们暂时把底摆留在胸衬之外）。

紧贴缝合线剪切领子的刀眼，并将**挂面**翻折过来，西装前片正面朝外。

在西装正面一侧，从翻折线底端开始绷缝，绷缝线向上穿过领嘴刻口，也可以从领嘴刻口向下（具体方向根据你是习惯用哪只手绷缝，以及缝的是哪一侧前片）。绷缝时，将**挂面**拼缝线拉向西装一侧，这样西装穿着时，拼缝线就不会显露在外。

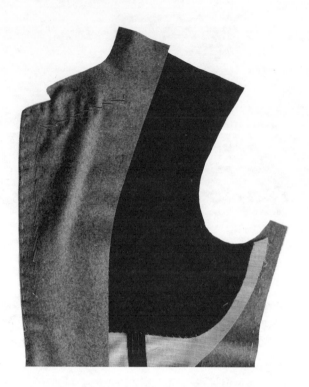

在**挂面**一侧，再次从翻折线底端向上绷缝，并一直绷缝至牵条顶端下约2.5cm处。这段线迹的针距长约1.3cm，松紧适中，不能有任何拉拽或抽缩。

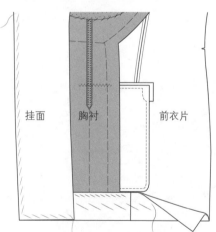

从**驳头**底端到衣片底摆，在**挂面**一侧绷缝，缝线拉向挂面一侧，这样它就不会在西装穿着时显露在外。

在前直摆上绷缝时，将**挂面**底边略向上推送，让**挂面**比前片略短一些，这样前片底摆才不会显露出**挂面**。

从**驳头**尖向着翻折线方向斜线绷缝驳领。

沿着**驳头**顶部用划粉笔绘制一条线，从领嘴刻口一直到翻折线后方约1.3cm处，牵条的顶部将紧挨在这条划粉标识线的下方。

从领边到翻折线后方的1.3cm处的点位，用纱剪剪开**挂面**（西装衣片不剪开）。

在西装正面一侧，绷缝翻折线，固定住前片下方的**挂面**。

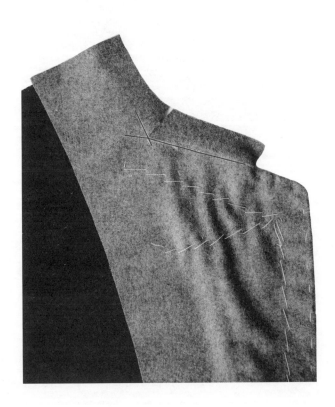

沿着划粉标记线翻折**挂面**并绷缝定位，正好盖住下方的牵条。如果需要的话，在翻折前修剪一下挂面。

熨烫**驳头**顶部，从领嘴刻口到翻折线后方1.3cm处用暗缲缝针法缝住。在下一步工序之前，先将**挂面**熨烫平整。

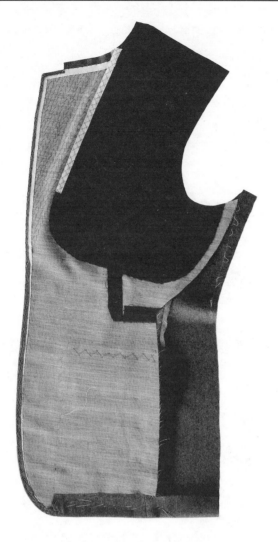

处理面料的手法要轻柔，缝份应该自然地翻折到牵条上，而不是被强拉向牵条。

沿着牵条边将西装底摆向上翻折扣倒，然后斜线手工绷缝到胸衬上。

如要手工缝制西装**挂面**，需将**驳头**底边直到前片底摆的缝份修剪至1cm，**驳头**尖到领嘴刻口的缝份修剪为6mm。

领嘴刻口尽可能剪得深一些，"几乎"贴近牵条，用牵条的边缘作为翻折线，将缝份翻折缝合到牵条上，再用丝光线斜线手工绷缝，将牵条和胸衬固定在一起。

将**挂面**的反面（已蒸汽熨烫定型，见本书138页内容）与西装前片的反面相对，西装门襟外露出宽约1.3cm的**挂面**，沿着翻折线标识将**挂面**和西装绷缝在一起，然后向下绷缝至前片下摆处。在翻折线底部，**挂面**加入6mm的**松量**，来满足**驳头**翻折的需要。

如果西装是直底摆，就一直绷缝到底摆，如果是圆弧形下摆（如上图所示），就在底摆上方约20.3cm处停止绷缝。

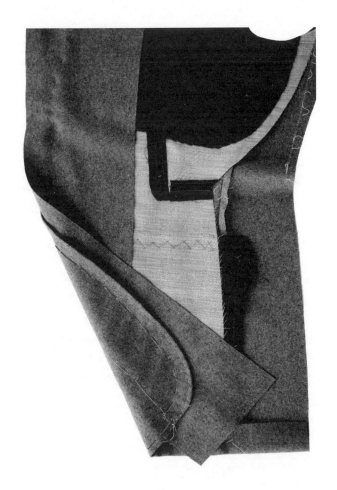

将**驳头**翻折到成品西装上的位置，与翻折线平行，绷缝一排斜向线迹。

如果西装下摆已经定型，而前摆形状向外翻翘，背离身体方向，那就只能对**挂面**进行修正，才能解决这个问题。如果前摆向内弯折，并保持这个形状与**挂面**绷缝，那么成品西装的前片底摆会略弯向身体方向。

绷缝**驳头**的顶部，然后向下绷缝至翻折线底部，线迹与西装**驳头**边相距2.5cm。

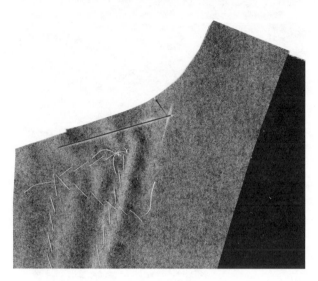

从领嘴刻口到西装下摆，将**挂面**缝份修剪至1cm。从领嘴刻口到肩部，**挂面**缝份与衣身缝份大小一致。

在**挂面**上，从领嘴刻口到翻折线后方1.3cm处，用划粉笔绘制一条线，这条线正位于西装牵条的顶部，被称为**串口线**。

在**串口线**越过翻折线1.3cm的位置将挂面剪开。

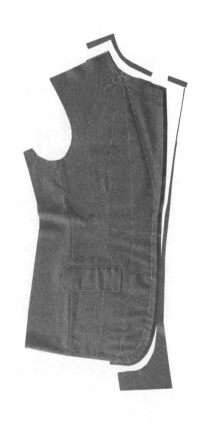

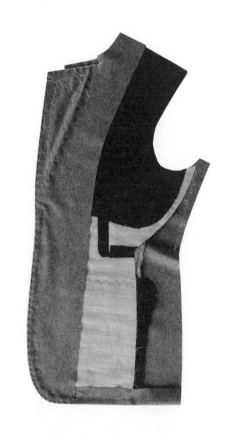

保持**驳头**翻折的状态，从**驳头**尖点的绷缝线开始，绷缝一条斜线，一直缝到翻折线下方。

沿着**串口线**翻折和绷缝**挂面**缝份，绷缝时让**挂面**比衣身**驳头**宽出约1.5mm，这样西装穿着时，正面就不会显露出**挂面**的拼缝。

　　从翻折线底部到西装底摆的**挂面**拼缝，也不应显露在西装正面，因此，在这个部位挂面一侧绷缝时，让衣身比**挂面**宽出约1.5mm。

　　选用丝光线和暗缲缝针法手缝**挂面**的边缘。针脚应尽可能小，并且分布工整，这样从外面难以看见线迹，最后将**挂面**熨烫平整（见本书201页内容）。

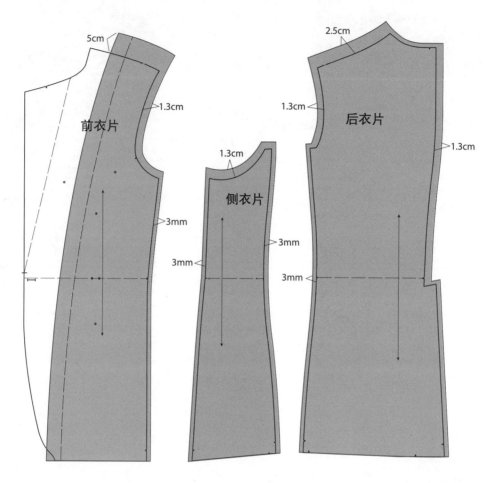

衬里布的用途是藏起所有的线头和拼缝，以及制作中使用的各种衬垫。另外，衬里布也使得西装穿脱更加顺畅，比起只有羊毛胸衬的半衬里布西装，全衬里布西装穿在衬衫外的感觉好得多。

衬里布虽然是服装的内层，但裁剪时，在长度和宽度方向都要比衣身稍大一些。如果衬里布没有放出足够的活动**松量**的话，西装穿着时经常性的拉伸和摩擦，就会导致衬里布被撕裂和破损。

根据西装的前片、后片和侧片的纸样裁剪相应的衬里布，衬里布的尺寸稍大一些，如上图所示。西装前片上的虚线标识的是**挂面止边**的位置，在前片纸样上绘出这条边线，以便参考并绘制与**挂面**重叠2.5cm的衬里布。

将西装前片衬里布和侧片衬里布车缝在一起，并将拼缝线展开烫平。

在前面的工艺中，我们已经让前片衬里布在肩部超出纸样5cm，现在我们把其中的2.5cm用来在袖窿中部绷缝一个裥，裥深为1.3cm，裥面位于衬里布正面，这个裥的作用是缓冲衬里布口袋对衬里布的牵拉。

巴塞罗那口袋

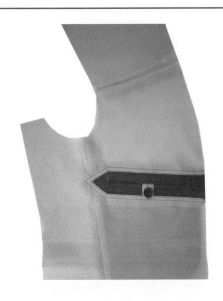

高级男装通常在前衣片衬里布上开有左右对称的两只口袋，衬里袋一般位于胸部或腰部位置，只在前片左衬里上开有一只口袋的也不少见，有的西装在衬里不同位置开好几只口袋，尺寸大小不一，用于盛装不同的物件（例如钢笔、支票、护照等等）。

高级男装衬里口袋的款式多种多样，这里我们介绍一种名为巴塞罗那口袋的衬里口袋。

巴塞罗那口袋的袋口由两块西装面料制成。裁两块西装面料，宽为3.8cm，长为20.3cm，将两块裁片正面相对，沿着长度方向车缝在一起，缝份为1.3cm。拼缝线的首尾两段用较小针距进行车缝，在拼缝中间约12.7cm长的缉线中使用较宽的针距，将这段缉线的首尾两端固定，在后续工艺中，中部的12.7cm的拼缝线将被拆除，成为衬里口袋的开口。

将两块面料之间的拼缝线分开烫平。

裁两块直丝缕方向的口袋布作为衬里口袋的袋布，长宽均为17.8cm。从每块袋布的顶部斜切掉1.3cm的斜三角形布条。这里演示的衬里口袋的袋口与水平方向倾斜距离1.3cm，所以内部的口袋布也必须倾斜相同的尺寸，这样口袋制好后袋布才能保持垂直。如果衬里口袋的袋口是水平方向的，那么口袋布顶部也不需要修剪成斜向。

为了防止口袋在使用中内部的口袋布显露在外而不够美观，所以需要用一小块**贴边**面料盖住可能会显露出来的口袋布。从衬里布面料上裁一块**贴边**，宽为6.4cm，长为17.8cm，并将这块贴边的底边向上扣烫，形成1.3cm宽的折边。

布条，缝份为1cm，然后将缝份展开烫平。翻转布条，并将拼缝推至布条的中部。将布条一端折成箭头形，并使用明缉线将箭头车缝固定住。

使用明缉线将折边车缝到一块口袋布的上方位置。不要担心口袋布上端的斜边，后道工序中会进行修剪。

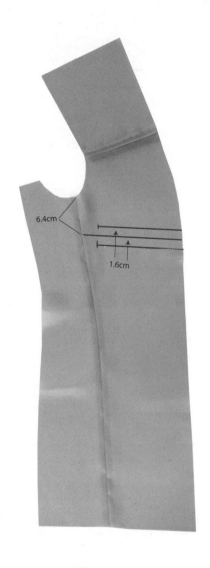

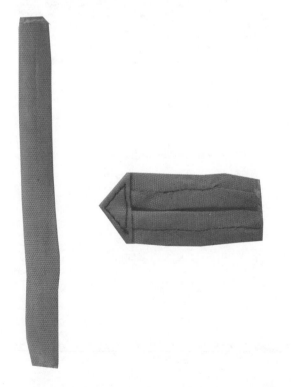

在前片衬里布的正面，绘制水平方向上略微倾斜距离1.3cm的袋口定位线，定位线较高的一端位于衬里布腋点下约6.4cm处。

从衬里布前边缘向着侧边缝方向绘制17.8cm长的袋口定位线。在线条的中部，标记一段12.7cm长的距离，标识的是实际袋口的开合尺寸。

从衬里布前边缘开始，在袋口定位线上、下两侧间距1.6cm的位置，绘制两条等长平行线，长度为15.2cm，如果制作的是较窄的袋口边，可以将这个间距尺寸改为1.3cm。

纽洞衬是由一条直丝缕方向的衬里布面料制成，宽为3.8cm，长为8.9cm。车缝衬里布

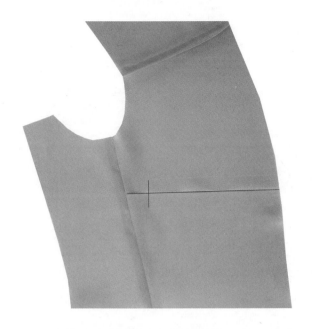

纱剪从中部剪开口袋定位线，然后从袋口定位线向着上下平行线方向纵向垂直剪开。

在折起衬里布后形成的箭头形开口里，放入西装面料制作的袋口拼布。袋口拼布上的拼缝线对准开口的正中间位置。在衬里布上车缝双排明缉线，将袋口拼布缝定在衬里布上。在袋口拼布的拼缝线中部，用划粉笔标记12.7cm袋口开合的两端止口位置。

沿着上下两条15.2cm长的平行线翻折衬里布，在袋口定位线末端处斜向翻折衬里布，将折起的布角朝向衬里布反面熨烫平整。

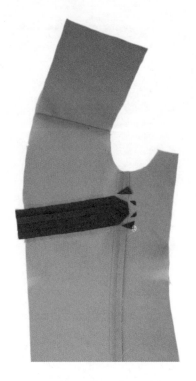

在衬里布的反面，剪去箭头两侧多余的袋口布和衬里布面料。

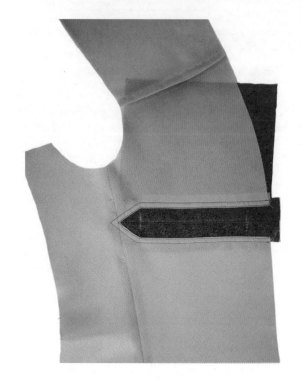

在衬里布正面，在袋口布拼缝线下方车缝，线迹沿着拼缝线上的12.7cm的止口标记，将衬里布反面的口袋布固定住。

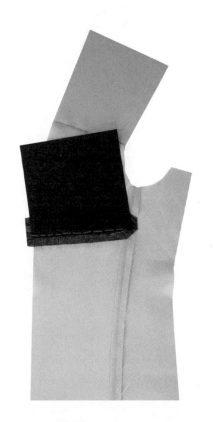

将没有缝装贴边的口袋布绷缝到衬里布的反面，口袋布斜边应该与袋口拼布的缝份底对齐。

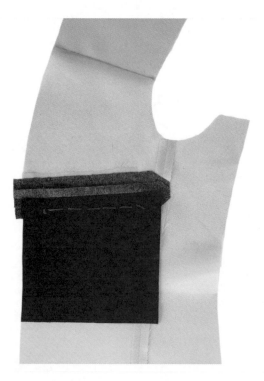

在衬里布的反面，将口袋布拉向下方，并用指甲扣压口袋布的拼缝线，然后将口袋布手工绷缝固定住。

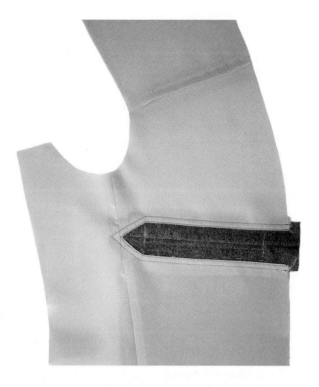

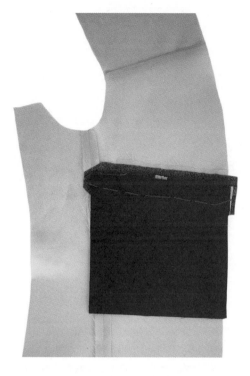

在衬里布正面，在前一条固定线下方约6mm处车缝第二条线，再次固定住口袋布。

将第二块口袋布（缝上贴边的那块）附在第一个口袋布上。口袋的顶部边缘应该与袋口缝份的顶部平齐。

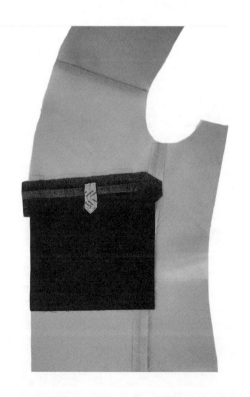

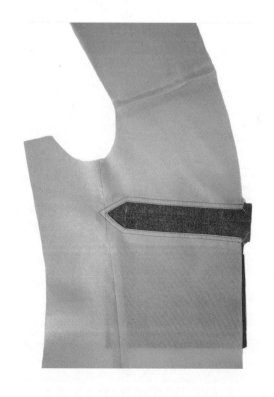

在袋口布上12.7cm开口的正中间的反面绷缝纽襻。从袋口拼缝到纽襻襻头上的水平线应相距1.6cm左右，这个纽襻对应的纽扣直径为1.3cm。

在衬里布正面，紧贴着袋口布拼缝的上沿车缝明缉线，固定住下方的口袋布和纽襻，而12.7cm袋口开合的两端止口，需垂直方向车缝来回针进行固定。

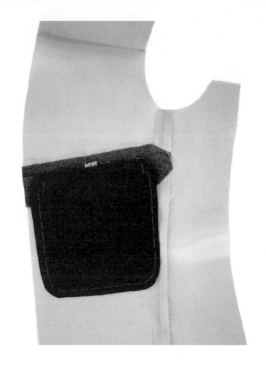

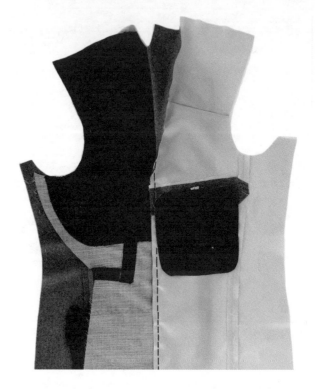

将上下两块口袋布对齐车缝在一起。缝份修剪至1cm。

衬里口袋制作完成后，将前衬里布拼缝在**挂面**上，缝份为1cm。拼缝线一直缝至下摆上缘。衬里布上的裥方向朝下，将缝份上多余的袋口布修剪干净。

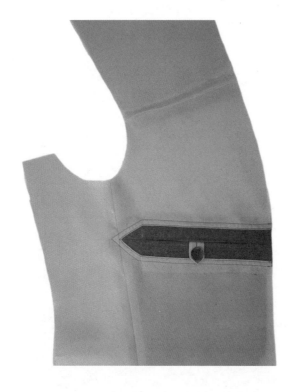

将袋口布拼缝线上12.7cm的开口部位的线迹拆除，并将纽襻从下方拉出，在西装制作完成并大烫完成之后，在下袋口条上钉缝一粒1.3cm直径纽扣，巴塞罗那口袋制作完毕。

将拼缝线的缝份倒向衬里布一侧，沿着**挂面**边缘绷缝，将**挂面**与胸衬固定在一起。

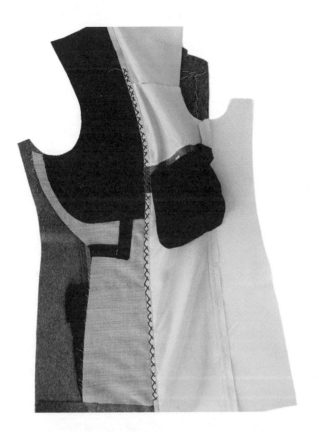

在肩线下约10.2cm的位置，用三角针将衬里布和**挂面**拼缝线的缝份缝到胸衬上，一直缝到下摆上方。

再次将西装衬里布提起，使用三角针将衬里口袋袋布的缝份缝合固定在胸衬上，这样口袋就不会移动。

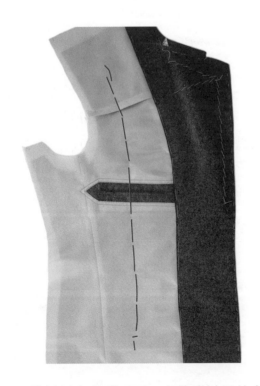

将衬里布翻到正面，在前片衬里的中部位置，从上而下将衬里布与胸衬绷缝固定，一直绷缝到下摆上方。

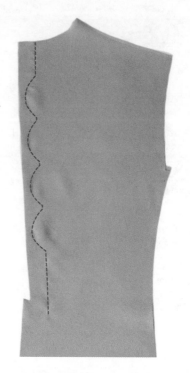

在西装的正面，距离袖窿边约7.6cm的位置，从袖窿中部开始，自上而下进行衣片的绷缝，绷缝时固定住面料下的衬里布，绷缝线迹经过侧片，在距离下摆折边约12.7cm的位置转折向前，再横向绷缝住衣身的下摆。

为了能给后片衬里布提供一些**松量**，后片中缝采用扇形线迹来缝制，扇形线迹形成一组可收放的褶裥量，在身体运动和需要时完全展开，后片衬里布空间因此有所增加。从衬里布颈围线开始向下缝扇形线迹，衬里布颈围线对应的是西装纸样的领底围线。

向下直缝约5cm后，开始缉缝一组三个或四个扇形线迹，扇形线迹跨度约7.6cm，高度接近后中缝的缝份宽。在后中缝另外增加的1.3cm，只作为扇形线迹内侧边线的缝份。扇形线迹只需要分布在**腰部**以上部分。

衬里布后中缝缝至上开衩点下方2.5cm的位置，如果西装没有开衩，那衬里布后中缝就沿着西装缝份缝至**腰节线**以下。

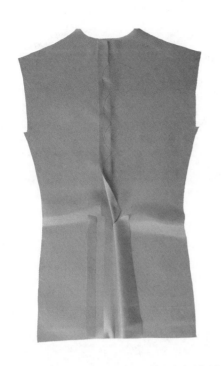

在衬里布的后衩上方，将后中缝缝份向左侧烫倒。将右侧衩顶点剪切至拼缝线处，左侧衩纵向剪切掉2.5cm宽的衩边。

在缝合西装后片中缝之前，从衩顶到下摆的翻折线，我们要用宽约5cm的横丝缕口袋布对后衩进行加固。从后中线底部到西装底摆后衩刀眼之间用划粉笔画一条标识线，根据这条标识线铺放口袋布加固条。

因为后衩左侧将被折起，而右侧将平压在衣身上，所以左右两侧的口袋布条会因为工艺不同摆放在不同位置（你可能已经注意到，左图所示的西装左右两片位置是颠倒的，这是因为我们正在从内侧观察西装）。

在西装后右片的衩宽上摆放加固条，与划粉笔标识线对齐，衩边留出1cm宽的布边。

在西装后左片的后衩上摆放加固条，不放在衩宽上，而是对齐划粉笔标识线的内侧。

使用丝光线和暗缲缝针法将两块加固条手工绷缝在衣片上，暗缲针的针脚不能显露在衣片正面。

（后）右片　　　　（后）左片

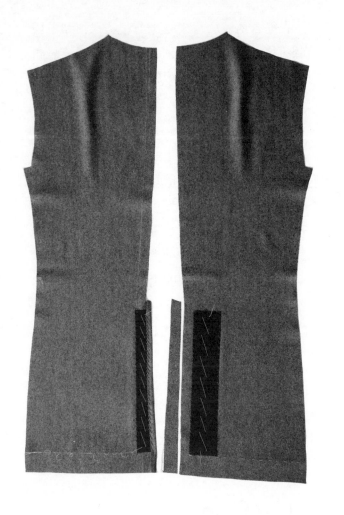

　　在右衩上，衩边折起1cm的衩宽，并将折边斜向手工绷缝固定，绷缝针脚不能穿过面料正面。

　　将左衩衩宽完全修剪掉，这样后中缝从上到下的缝份就均匀一致了。

　　车缝后片中缝，一直缝至后衩顶点下方2.5cm处。在右衩顶端，紧挨着拼缝线剪开衩宽。

　　在西装左衣片上，绷缝固定住半个衣片下摆，另外半边不固定，以免影响后片与侧片的连接，左衩的缝份折向加固条方向，使用丝光线短斜线绷缝固定住。

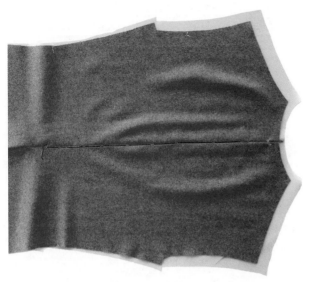

在正面环形手工绷缝整个西装后片，绷缝时固定住下方的衬里布。图例展示了绷缝线迹与衣片边缘之间的大致距离，这个间距可避免对后续衣片的连接工艺造成不便。

将衬里布和西装后片反面相对叠放在一起，**腰节线**上的刀眼对齐。衬里布的领边较西装领边长出1.3cm。沿着后中缝，从颈围线到后衩顶部将衬里布与衣身绷缝在一起。

在左衩上折叠衬里布，折好后露出一条宽约6mm的西装面料布边。将衬里布折边手工斜线绷缝固定，一直缝到下摆上方的位置。

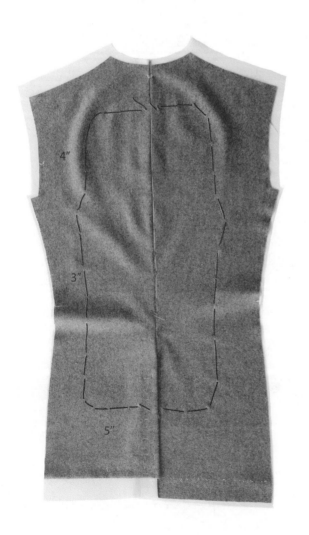

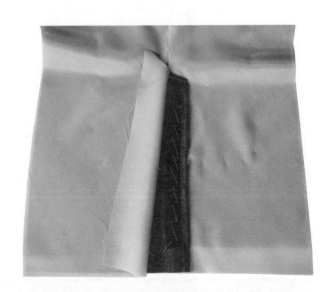

将右衩压在左衩上，衩的上缘使用回针手缝固定，针脚穿过下方的左衩上层，但不能穿过西装面料的正面。

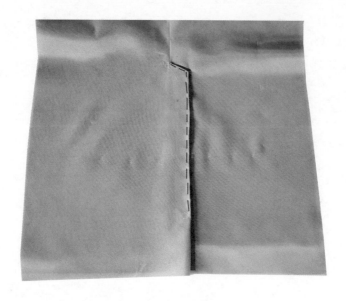

　　将后衩衬里布以右压左的方向翻折并绷缝好后，后衩衬里边只露出一条窄窄的西装面料细边。

　　现在后衩已经制作完成，我们将西装后衣片和侧衣片车缝在一起，并将缝份分开烫平，根据衣片侧缝的缝份量，扣烫后衣片衬里布的两侧边缝，扣倒的折边宽为1.3cm或1cm。

将扣烫好的衬里布折边压在侧衣片衬里布上，绷缝后再使用暗缲缝针法加固。在腋下部位，将前后衣片与衬里布绷缝固定住。

使用双三角针法将**挂面**毛边手缝至衣片下摆上。

向上翻折西装下摆的上缘，并使用卷边缝针法手工固定住。

手工绷缝衬里布的下摆，将衬里布下摆折起在西装下摆上方约1.9cm的位置。在衬里布下摆折边上的针距约为2.5cm，提起上层衬里布，使用卷边缝将下层衬里布和西装下摆缝合在一起，这步工艺在衬里布底边制作了一个灵活的折边，长度方向上给衬里布提供一定的**松量**。

最后，使用针尖缝针法手工缝制衬里布的衩边部位。

高级男西装肩部的制作

缝制肩线

在拼缝前后肩缝之前，西装前片的肩缝必须用衬里布条加固。裁一条半斜向衬里布作为加固条，宽度约为1.9cm，长度与前片肩缝等长。

紧靠前片肩缝边，将衬里布条绷缝到西装面料的反面，翻起胸衬和衬里布，只缝住下方的西装面料。

在肩缝处将西装前、后片绷缝在一起。由于后片肩缝长比前片肩缝长长出约1.3cm（见本书24页内容）的尺寸，所以当肩缝拼缝时，后片肩缝的边缘会产生褶皱。将松量均匀归拢至肩缝中部，肩线两端2.5cm左右的区域抚平，不能有任何褶皱或起伏。

后片肩缝的**松量**是为了给肩胛骨位置的背部曲线提供更多的空间。我们可以在肩缝被车缝拼合之前，使用蒸汽小心地熨平肩缝上的褶皱，并保留肩缝的**松量**。

如果熨烫的肩部面积过大，还是在平面上进行蒸汽熨烫，那么在肩胛骨部位的**松量**就会被烫平，这步工艺就彻底失败了。

重要的一点是，这种熨烫应在肩缝绷缝时进行，不要在肩缝被车缝好之后再熨烫。一旦肩缝被车缝，那么褶皱就无法被烫平。

车缝肩缝后，拆除绷缝的线迹，并将拼缝分开烫平。这步工艺需要在熨烫馒头上熨烫，目的是保护制作好的肩部造型。

在平面上蒸汽熨烫肩缝，熨斗接触的肩线的长度不要超过3.8cm，将熨斗压放在肩线的褶皱上方，在高温和蒸汽的共同作用下，肩线上的皱痕会被熨平。

西装垫肩的制作

上图的右侧垫肩是购买到的成品垫肩，正如你所看到的，垫肩形状扁平又厚实，与人体的自然肩形并不一致。

上图的左侧垫肩是手工制作的，使用棉絮作为填充物，斜裁的坯布作为上下层的包布（可根据本书269页介绍的垫肩纸样裁剪包布），制作方法较为简单。

在布艺商店有大量棉絮填料供应，如果你愿意动手制作的话，也可以拆开一对成品垫肩，取出填充物另做一对新的垫肩。

将填充棉絮分拆成薄薄的若干层，一层层铺在按照垫肩纸样裁好的坯布上，从头部到两侧、尾部由厚变薄，形成一个均匀的斜面体。

轻轻按压垫肩的头中部边缘，测量垫肩的实际高度，最适合客户肩型的垫肩高应该在试衣阶段就确定下来。

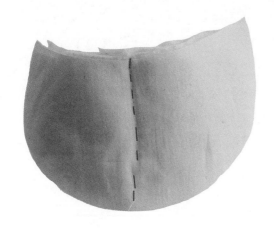

用纱剪稍微修剪一下垫肩的头部和周边。

将第二块坯布盖在填充棉絮上，并绷缝上面几层棉絮，使之成拱形，将上层坯布的底边稍稍向下方拉拽，棉絮即呈现出立体的形状。

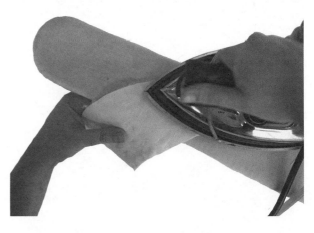

熨烫垫肩，注意保持先前制作好的弯弧形状。

从垫肩的一端向另一端纳缝，纳缝从中部开始，一排排规整地进行纳缝，先朝着头部方向纳缝，然后从中部向着尾部方向纳缝。针脚需穿过各层填充物，松紧适中，不能有任何的牵拉。

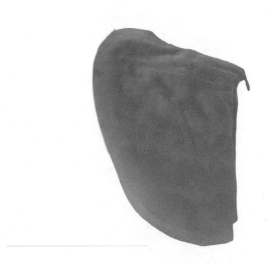

加入垫肩

在将垫肩缝入西装之前，再次检查加入垫肩后的西装肩宽。如果西装肩点超出客户的肩点，面料就需要修剪。检验方法是，紧贴上臂放置一把直尺，沿着袖臂指向肩点（见本书137页内容），如果肩点的面料超出直尺之外，则西装的肩线过宽，应在装缝垫肩之前对西装肩点进行修剪。

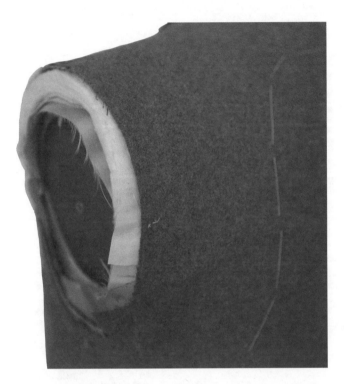

将垫肩装入西装袖窿中，垫肩尾部对着后片袖窿的中部位置，如果垫片向后片倾斜量过多，则可能需要换更大些的垫肩。前片肩部不需要过多的垫肩，因为人体肌肉组织会撑起前肩部位的衣片。

垫肩应该在装在衬里布和胸衬之间，对齐袖窿的裁边。

有时当垫肩头部对齐袖窿的裁边时，垫肩的两侧却没有对齐，这时轻轻地将垫肩两侧向外拉，直到垫肩的两侧也对齐袖窿的裁边，然后把垫肩头部多余的部分修剪掉。

在垫肩完全就位的情况下，将手伸入袖窿内部，用大头针将垫肩别插在胸衬上。现在将垫肩纳缝到胸衬上，针脚覆盖整个与垫肩接触的胸衬部分，垫肩里的几层填充料都要被缝住。

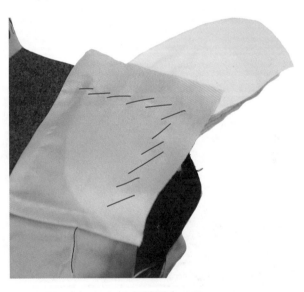

在垫肩上方，向上抚平前片衬里布，并沿着袖窿线将衬里布绷缝到垫肩上。

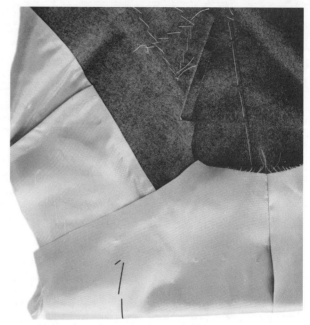

　　一只手撑在西装肩部的内部，让肩线充分展示出凹弧形线条，然后沿着西装前片的领边线绷缝，固定住下方的**挂面**。这一步是塑造肩部凹弧造型的关键，肩型是高级西装外形不可忽略的重要细节。

　　西装后片的衬里布在肩部还没有缝合固定，向上抚平衬里布，盖过垫肩，从外向内开始绷缝，绷缝线迹穿过垫肩，固定住衬里布。再从垫肩下端向上绷缝，一直缝到肩线下约2.5cm处，将手缝针穿至衬里布一侧。

　　朝向袖窿方向抚平衣身面料，距离袖窿边约7.6cm位置，沿着垫肩长度方向绷缝。绷缝时只挑缝垫肩的上面一层包布。

　　沿着衣身肩线折起后片衬里布，并朝向颈部沿着折边手工绷缝固定。绷缝时，后片衬里布加入少许**松量**。衬里布左边从袖窿边向内7.6cm的一段肩线不用绷缝。

高级男西装领的制作

西装领型可以根据购买的商业纸样进行制作，制作者也可以自己进行设计和变化。无论采用哪种制作方法，领底与西装领口线上的两个领口刀眼都必须绝对吻合。

如果在样衣试样过程中，某一条与领口线相交的拼缝线曾被修改过，此时你就该意识到领底纸样必须要进行检验，又或者你已经"无意中"修改了领口线附近的某些线缝，所以制作领子的第一步是检查领底纸样与衣身领口是否匹配。

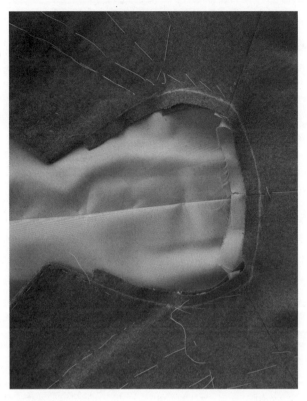

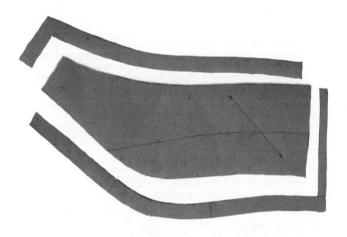

检查前先剪掉领底纸样上的缝份，领子修正完毕后，这些缝份还需要加上，此时剪掉缝份是因为领底净纸样便于观察和比较。

用划粉笔在西装衣片上画出领围的缝份，并与领底纸样对齐，从领嘴到后中缝之间，各条拼缝线对齐，依次检查西装两侧。

如果为了让领子能最大程度地展开在颈部，需要在领围加入3mm左右的松量，那么建议将松量加入到领子后中缝中；如果不能确定是否需要松量，记住一点，最容易制作的领子是实际尺寸比需要尺寸稍大一些的领子。

在检查领子纸样时，有可能发现领子的一侧与衣片完美吻合，而另一侧则无法对齐。无论什么原因（可能是肩缝或后中缝缝制时没有对齐），现在必须要让一侧的领子比另一侧长一些，这个问题不难解决，只需使用大一码尺寸的领子纸样就可以了，我们将在后道工艺中进行修改。

如果前期在西装纸样的领线和肩线上做了放松处理，那么现在领子纸样就无法使用了，需要重新绘制新的纸样。关于领型纸样可以根据西装的领边形状绘制，在本书后面章节中有绘制方法的介绍。

当你觉得领底纸样的尺寸合适时，就可以考虑领型的设计。这个阶段，你仍然可以尝试领型设计，或者选择不同的商业衣领纸样。

许多裁缝师在这个阶段不考虑领型，他们会在领底装上西装衣片后再考虑领型结构。他们裁剪尺寸大块的麦尔登呢，留下了足够的修改空间，以备未来设计使用。当领底被装上西装时，他们只是简单地勾勒一个衣领轮廓，与

做好的驳头搭配好后，再把多余的衣领修剪掉。如果你想设计领子，这个方法很简单又很有趣。

另一方面，纸样制造商设计的衣领通常与西装驳头具有审美上的一致性，你之所以选择他们的纸样，很大程度上是因为欣赏这种风格。了解领子制作的各种途径，做出自己的选择，然后开始工艺制作。

我们关于领底结构的介绍，前提是制作者是以商业纸样为基础进行的绘制，领底的制作方法也适用于领子结构的制作。如果是你自己设计领型，领子顶部的缝份测量不是很重要，但是处理领底领口边缘的形状和缝份时，则要非常小心。

西装领的绘制

如果你对商业纸样已经做了大量的修改，其中包括西装领口线的话，那么就有必要根据修改后的西装领口线绘制一个新的领子纸样。

将着西装衣平摊在操作台上，让整个领口线完整地展现在桌面上，从驳领的一侧刻口到另一侧缺口，使用划粉笔绘制出领口线的缝份。

将一张对折后的绘图纸插入西装衣片中，面积要足够大，要能垫到**驳头**的下方。

沿着**驳头**翻折线在一侧西装衣片下放一把量尺，在纸上绘制一段翻折线延长线，标识出翻折线延长线在颈部的走向。重要的是，绘制标识线时，西装不能有任何的移动。

沿着**驳头**边描图，一直描到领嘴刻口处。描图时，注意不要画到衣身面料上。

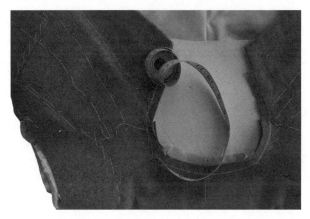

在**串口线**位置，轻轻地将领口的缝份向后方翻倒，在纸上标记下领口刀眼和**串口线**位置。

从肩线到后领中心，测量后领拼缝线长。使用可弯曲的量尺或软尺，或是末端可固定的卷尺来测量，以便获得准确的尺寸。

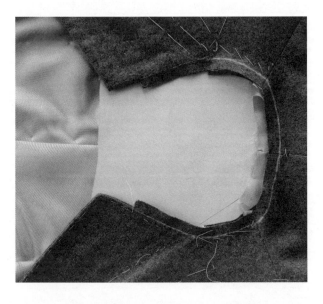

从翻折线到肩线，沿着领口线的缝份，用针尖缝法将面料和绘图纸手缝在一起，并沿着肩缝继续缝上几英寸的长度。

将衣片下方的绘图纸取出并展开，这样绘图纸上就有足够的空间可用来绘制一个领子，纸上的信息应该类似于上图中的标记。

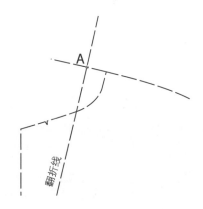

分别延长翻折线和肩线直至两线相交，将交点标记为点A。

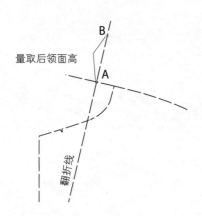

从图中A点向上量取一段长约为后翻领高的距离，标记为点B。

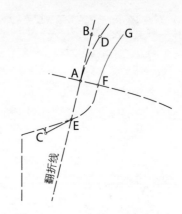

从F点至G点，绘制一条弧线，与A、D点之间的弧线平行。

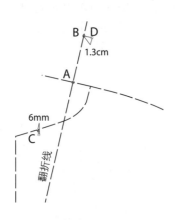

从领嘴刀眼处垂直向下量取6mm，标记为点C。从后领中线垂直向下量取1.3cm，标记为点D。

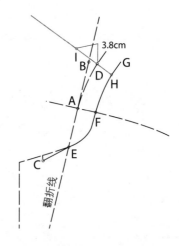

垂直于F至G点的弧线，从D点画一条直线。在直线上，从D点向领口方向量取3.8cm，标记为点I。D点至I点的距离就是后中心翻领高的尺寸。

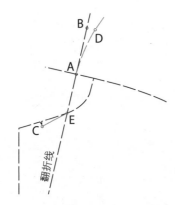

标记点E，E点是领口虚线与驳头的交点。从E点至F点绘制一条弧线，从C点至E点绘制一条直线，另从A点至D点绘制一条弧线。

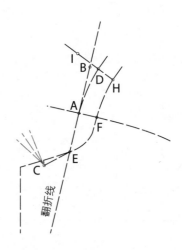

现在，西装领纸样的基本结构线条C–E–F–H就绘制完成了。

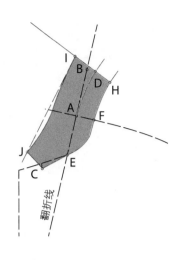

从C点开始，向上绘制翻领领嘴边线至J点。

从I点到J点画一条直线，作为上翻领线的辅助线，在辅助线的前部位置，用圆顺的弧线将这条直线修成优美的弧形领边线。

领底纸样由C–J–I–H–F–E–C各点连线组成，圆顺连接起各点，领底就绘制完成了。

领子的翻折线是E点、A点和D点三点之间的连线。

将领底纸样剪开，在西装衣片上试样并进行调整。

西装领底的制作

西装领底是由**麦尔登呢**、法式衬布纳缝而成。如果能找到与衣身颜色一致并已纳缝好的**优质麦尔登呢**，应优先使用这种材料，而不是尝试自己去纳缝**麦尔登呢**和法式衬布。因为预先制作好的**麦尔登呢**质量差别很大，而颜色的选择又较为有限，所以这里我们介绍自制**麦尔登呢**领底的方法，供学习者使用。在某些情况下，特别是使用不易磨损的衣料时，例如优质的精纺羊毛法兰绒，可以使用衣身面料制作领底，而不用**麦尔登呢**。

在法式衬布上斜向裁剪两块领底裁片，尺寸与**麦尔登呢**领底大小相同。将两块法式衬布裁片沿后中心对齐搭接在一起，然后用明缉线车缝在一起。

选择与衣身面料颜色相同的**麦尔登呢**，斜向剪裁两块领底裁片，裁片三边放出1.3cm缝份，后中缝放6mm缝份。车缝后中缝，并将拼缝分开烫平。

在麦尔登呢裁片的反面铺放法式衬布裁片，在两层裁片之间的领片两端，各放一块斜裁的口袋布，以增加领尖的硬挺度。口袋布面积约为半个领底的面积大小。将法式衬布、口袋布和**麦尔登呢**手工绷缝在一起。

法式衬布现在被纳缝到**麦尔登呢**领底上（见本书124页内容）。我们需要将这两种面料结合在一起，但又要辅料保留各自的伸缩性，以便熨斗拉伸定型，为了保留这种灵活的伸缩性，我们将沿着半圆形的路径纳缝，这个形状与面料的斜裁方向一致。

在领底衬布一侧，沿着领边线以5cm半径画一个半圆，在半圆内沿着周长纳缝，在半圆外，也是沿着半圆的形状纳缝，手缝时，使用与**麦尔登呢**色泽接近的丝光线，这样显露在领底正面的缝线就不太明显，领衬上的纳缝只在画好的缝线线内部进行，不能越过缝份线。

在平面烫台上，在领衬的一侧熨烫领底。

因为**麦尔登呢**和领衬都是斜裁的，所以纳缝时会出现一些收缩。因此我们下一步要做的是重新绘制领底拼缝线，这次是在领子正面进行。

绘制时，将划粉笔削尖，这样才能获得清晰准确的线条。从后中心开始绘制领底的一侧，然后绘制另一侧，在领底上也用划粉笔标识出翻折线，然后绷缝翻折线。

如果测量西装领边时，显示一侧领边略小于另一侧，那么这时候就需要调整领底的领边。在后中缝将领子纸样向后方翻折，将较小一侧的领边画在纸样上，再将纸样折边对着**麦尔登呢**领底的后中，沿着领边纸样描下外轮廓线。

领尖两端向内约5cm处开始，将领面翻折在领座上进行纳缝，**麦尔登呢**一面朝向内侧。这步工艺可以确保在制作完成的西装上，领尖向下方倾倒并指向肩线方向，而不是翻卷向上翘起。

在**麦尔登呢**的一侧，整齐地修剪掉领底上下两侧的缝份。

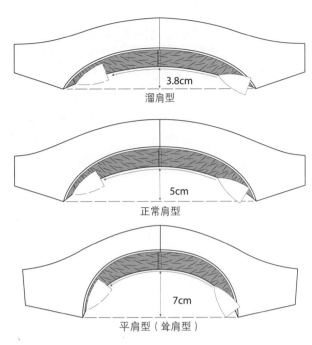

3.8cm
溜肩型

5cm
正常肩型

7cm
平肩型（耸肩型）

领底的上下两边均修剪掉3mm宽的法式衬布，这样做的目的是防止法式衬布的毛边显露在外。领座两端的法式衬布不需要修剪，因为成品西装的领面两端将藏起法式衬布的毛头。

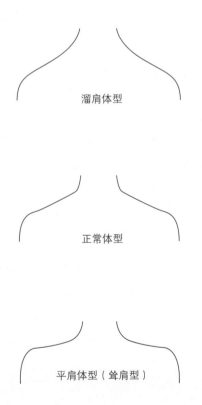

溜肩体型

正常体型

平肩体型（耸肩型）

根据客户肩部的倾斜角度，现在将领底熨烫成对应的形状。

沿翻折线翻折驳领，并用棉线手工绷缝固定住。

使用适量蒸汽，中温熨烫折边，将边缘熨烫成拱形，拱形的高度取决于客户肩型是溜肩型、正常型还是耸肩型。对于溜肩体型，领底拱高约为3.8cm，对于正常肩体型，领底拱高约为5cm，对于耸肩体型，领底拱高约为7cm。

领底形状是领子与**驳头**能否完美组合的关键。例如，正常领型如果装在溜肩型西装上，领子就会翘起，**驳头**也不能自然平整地翻折在西装上；而溜肩型领型如果装在正常西装上，会导致西装衣片在**驳领**翻折线部位耸起，西装外观不平整。这些局部细节上的瑕疵，虽然细微但不可忽视，因为在舒适性和合体性方面，都会让客户感觉不同。

在制作领底造型时，已在翻折线方向熨烫了一个折痕。现在，拆除固定后领边的绷缝线，在翻折线两侧几厘米的长度范围内将皱褶压烫平。

从后中缝开始将领底绷缝至西装衣身上，领底毛边的一侧沿着预先画在领围线上的划粉笔标识线排放，领部前端刚好落在领嘴刻口位置。

在前片，开始绷缝领底的下半部分，一直绷缝到后中心位置，在开始绷缝前，先确认两个**驳头**尖点到绷缝起点之间的距离是否相等。

在法式衬布的一侧，用三角针针法将领底缝到西装领线上。选用丝光线，沿着**串口线**缝份，穿过**挂面**的上端和后片领围线，注意缝线不要缝住后片衬里布。

如果你已在领底留了大块面料，以便根据**驳头**自由设计领形的话（参考本书170页内容），那么现在就可以制作领子了。认真测量衣领的两边，并保证其完全等长，因为任何长度上的差异都会在西装正面一览无遗。

按照惯例，在领子的制作过程中的这个阶段要停下来进行袖片调试。当坯样袖装上西装衣身时，就会邀请客户进行最后的试衣。客户试穿时，仔细检查领子和袖片，以确定各部位是否合体，同时领子造型也被确定下来。

如果你是在为自己制作西装，而且对领子造型也较为满意，那么现在就可以把领子制作完成，如果是为客户定制，这个阶段可以通过先制作袖片来减少客户试衣的次数。

客户试样后，在正式的西装袖装上衣身之前，领子必须要制作完成。

西装领面的制作

　　制作西装领面首先要对折裁剪一块直丝缕西装面料，毛向朝下，领面长度比领底纸样长出3.8cm，领面顶部和底部比领底纸样大出3.8cm。

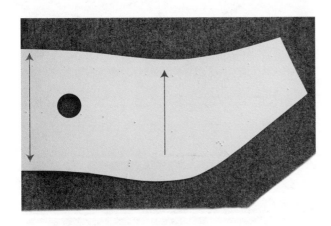

　　使用蒸汽熨斗，将领面的上下两边进行拉伸熨烫。

　　将领底正面朝下压放在领面的反面上，沿着领底的翻折线，从一侧**串口线**到另一侧**串口线**，将领面和领底绷缝在一起。

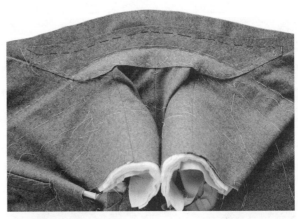

　　在领底的上端手工绷缝，距离领底上平线约1.3cm。

　　修剪领面，在领底上端留出1cm的缝份，在领底两侧留出2.5cm的缝份。

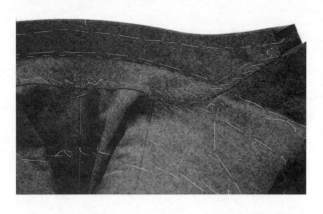 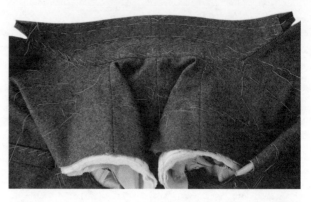

沿着领面的上平线绷缝，将缝份翻折到领面与领底之间，领面留下的边缘比领底宽出3mm，这样西装穿着时，领边缝线才不会显露在外，领底的上缘和领口部分均用丝光线和暗缲缝针法缝制完成。

将领面正面朝下平放在操作台上，在翻折线下方的领底底边附近，手工绷缝一段线迹，固定住下方的领面面料。

 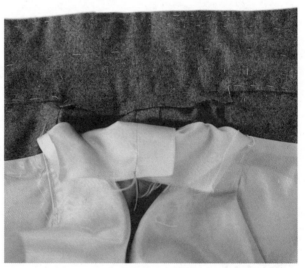

如有必要的话，修剪领面，然后沿着**串口线**翻折。从领嘴刻口到驳领翻折线，将领面与**挂面**的翻折部分对齐。从驳领翻折线到衬里布肩缝，将领面的翻折部分使用搭接缝手缝在**挂面**上。

在衬里布肩缝内侧，将领面底边缝份剪开若干个小剪口，这样领面翻正后，不会因为拼缝过紧而出现领面弧线不顺畅的情况。沿着后领围线绷缝，固定住下方的领底。因为这些绷缝线都将留在西装内，所以要检查确认所有的针脚不能穿过面料的正面，并且手缝时必须使用的是丝光线。

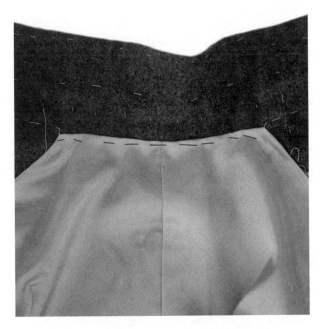

现在折起衬里布，沿着领口线绷缝，然后使用丝光线和针尖缝法将衬里布和领边缝合起来。

将领面两侧多出的面料向反面翻折并熨烫定型。使用丝光线和暗缲缝针法手缝翻折边的顶部和底部，翻折边的毛边则用双三角针进行手缝加固。

如果愿意尝试的话，可以使用衬里面料制作一个挂衣环，制作完成的挂衣环长约6.4cm，宽约1cm。将挂衣环对齐衬里布领口边，并使用回针法将其牢固地手工缝合固定在领底上。

现在使用梯形针缝制**串口线**，将领面和**挂面**的翻折部分缝合在一起，针脚穿起的是翻折部分的衣片，所以不会显露在西装正面。从**挂面**到领面来回缝几次，每次缝三四针后，将一针扎在两块面料之间，最后将缝线固定在胸衬里。

当领子制作完成后，西装前片逐渐完整起来。使用A号丝光线，沿着衣领的边缘、**驳头**和西装前片，使用暗缲缝针法手缝衣片的边缘，针脚应尽可能小，不能显露在西装正面，缝制目的是让衣边能一直保持挺拔的外形。

西装领的对格对条设计

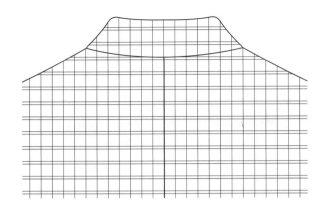 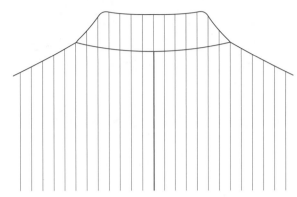

格纹或条纹西装上，领面与西装后片应在领肩处条格对齐。注意，格纹面料西装的领子与西装衣身在水平和垂直方向均要对齐格纹。

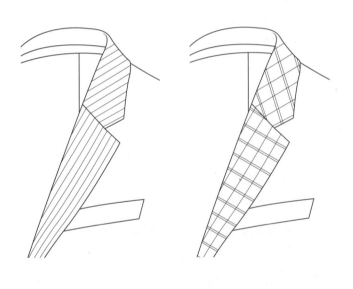 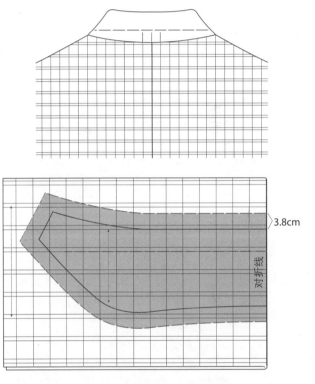

3.8cm

对折线

如果面料上的条纹间隔小于或等于1cm的话，你可以在**串口线**位置对齐条纹，如果条纹间隔大于1cm，就要归拢领边的领面部分才能对齐条纹。

而在格纹西装上，想在**串口线**位置对齐格纹几乎是不可能的。

在制作完成的领底衬布上的，用划粉笔标记短垂线，标识出格纹或条纹面料上中心垂线的位置；如果西装是采用格纹面料而不是条纹面料，还需要在领底上绘制一条水平线，标识出水平方向的格纹间距。

将上述标识线转移绘制到领底纸样上。

使用领底纸样，剪掉纸样上所有的缝份，再使用西装衣身面料，以领底净纸样为模板裁剪领面。在后中心处对折裁剪好的面料，根据纸样小心地标记下各条设计标识线，领面裁剪时，领面四边比纸样宽出3.8cm。

格纹领面的附件可按照本书177页介绍的内容裁剪。需要记住的是，在开始绷缝前，要先将领底衬上和领面上的设计标识线——对应。

条纹面料在绷缝前，必须先用大头针别住领面，这样领面面料不仅可以在西装后中心对齐，**串口线**位置也能对齐；如果面料上的条纹间距不大，可以将领面面料稍向下方拉拽来对齐**串口线**。

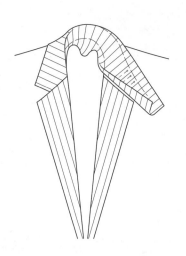

高级男西装袖的制作

对于裁缝师来说，西装上的袖子垂势才是判断袖型美观与否的标准。装袖不仅包括将袖片的袖窿边整齐地缝装到西装袖窿上，它还包括以下工艺内容：

- 加固衣身袖窿，防止袖窿拉伸变形；
- 制作坯样袖，并缝装在西装上试样，坯样袖参照客户手臂自然向前或向后倾斜的角度缝装；
- 根据坯样袖试穿的信息，使用成衣面料裁剪制作袖片，装好袖衬里布后，缝装整个袖片；

缝装袖山头，塑造美观的袖山形状。

袖窿的加固工艺

在袖片装上衣身之前，先要用一条口袋布加固衣身的袖窿，确保袖窿不会被拉长。裁一条横丝缕方向的口袋布，宽约1.9cm，长约50.8cm。将口袋布熨烫成弯弧形（如上图所示）。

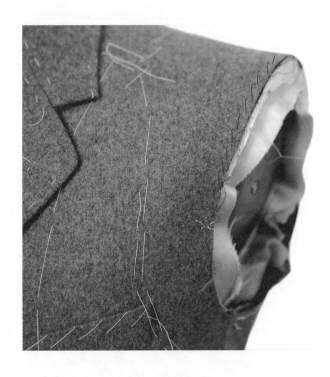

将口袋布垫在西装面料的反面，边缘与衣身的袖窿边对齐。口袋布条弯弧较大的一端对准前袖窿的刀眼上，大约位于腋下中心点向前6.4cm的位置。

在西装正面，沿着袖窿边斜向绷缝，将口袋布的外侧缝在衣身袖窿下，绷缝时只能缝住衣身面料和口袋布，不能缝住垫肩。

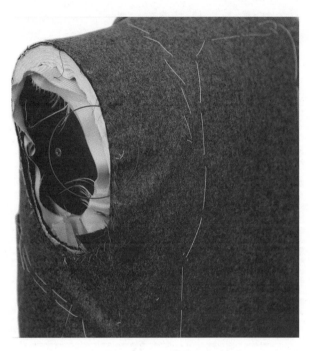

在西装后片肩缝下约3.8cm处，使用回针法手工固定住口袋布牵条，然后将西装袖窿**放松量（吃势）**分成若干份碎褶缝进西装面料上。一直缝到侧缝上方约3.8cm处，使得碎褶均匀分布在西装肩胛骨方向，并在这一部位为人体基本运动提供了更多活动空间。

整个**放松量**加起来不能超过1cm，如果是华达呢或其他粗纺呢绒面料，**放松量**大约为6mm。**放松量**均匀绷缝在口袋布条上，并在上下两端固定住，这样**放松量**就不会移动。

继续沿着袖窿向下绷缝口袋布牵条，一直缝到小袖片的中部。小袖片中部向下约6.4cm的袖窿段不需要加固，这样才不会对手臂向前运动造成牵制。

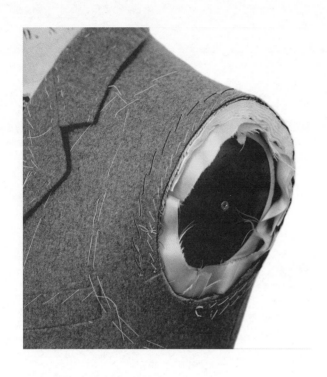

将面料反面朝上铺放在平面烫台上，用蒸汽熨烫碎褶。操作时注意：熨斗从袖窿边向内侧熨烫，不能超出约3.8cm的范围，使用中度蒸汽在平面上熨烫碎褶，碎褶就会被熨平。

如果你打算进一步熨烫袖窿处面料，还是在平面上熨烫的话，就有可能烫平碎褶形成的**放松量**，那么袖窿的立体造型就失败了。

将熨斗移开，暂时放在袖窿边缘位置。

如果抽的碎褶不见了，很可能是因为袖窿加了太多的**放松量**，选用的面料又是厚实的粗纺呢绒面料。如果必要的话，拆除口袋布牵条，并调节**放松量**的大小。在进行后道工序前，要慎重对待这个问题。一旦袖片被装上衣身，破坏外观的碎褶就再也无法消除。

再次在西装正面绷缝袖窿圈，这一次要缝住口袋布条的内侧一边。

分布在袖窿后方的碎褶，已经为下方肩胛骨提供了**放松量**，我们用蒸汽熨斗小心地将褶纹熨平，同时保留加入的**放松量**。

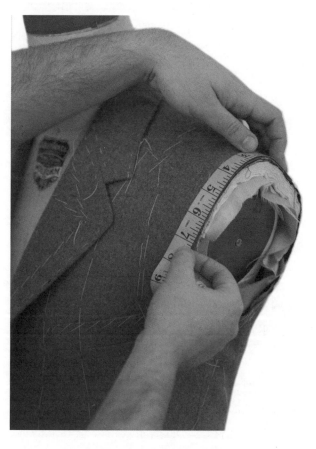

将衣身袖窿弧长与袖片纸样的袖窿弧长进行尺寸比较。测量小袖片和大袖片的袖窿弧长，注意不要把袖拼缝的缝份算入尺寸中。

袖片纸样的袖窿弧长应比衣身的袖窿弧长长出5cm到5.7cm（对于华达呢和一些厚型粗纺呢绒面料，这个弧长差不应超过5cm）。弧长差提供的是袖片基本**放松量**，从肩部形成袖片垂势的关键设计。

初学者可能注意到我们还没有裁剪袖片，甚至连坯样袖都没裁剪。我们一直在等待，直到装好垫肩，衣身袖窿也被加固之后，才能获得衣身袖窿弧长的准确尺寸。一旦有了袖窿弧长的尺寸，我们就可以给袖窿圈设计合理的**放松量**并开始坯样袖的制作。

在西装衣片的正面，沿着袖窿边测量整个袖窿弧长。精确测量曲边会有一些难度，因此测量时要认真细致，并再次测量来验证尺寸是否准确。

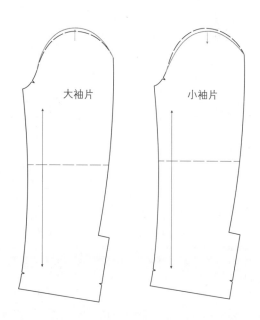

如果袖片纸样袖窿与衣身袖窿的弧长差不多是5cm，那就要通过增加或缩小大袖片的袖山弧长，来修改袖片纸样尺寸，并要重新绘制

大袖片侧缝线，小袖片则不做任何改动。若要维持袖山不变形，大袖片可以调整的最大尺寸为1cm。

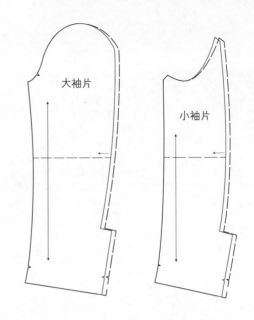

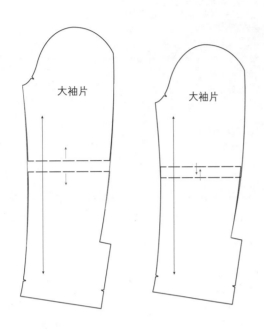

检查袖片长度：沿着大袖片的中线，从袖山顶拼缝线量至袖口折边。根据本书18页介绍的测量方法，沿着肘部水平方向裁切开大袖片纸样，在切口处加长或缩短袖片，并获得所需的袖片长度，最后使用大曲线板重新绘制纸样两侧的袖缝线。小袖片纸样的可调节量与大袖片相同。

如果必须要修改袖山形状，那么大、小袖片的宽度也都要修改，这样才能保持整个袖子的平衡。大、小袖片宽度的最大可调节量为1cm。

根据上图示例修改纸样，用一块大曲线板重新绘制袖窿弧线。

如果这样改动还不能获得理想效果的话，那么只能绘制新的袖片纸样，绘制时改用大一号或小一号的尺码。

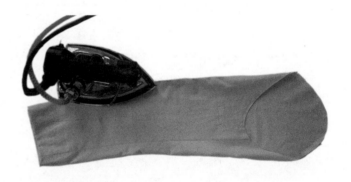

袖片纸样修改好后，裁剪坯样袖，将裁好的大小袖片缝合，并将袖缝线展开烫平。

在坯样袖面料的正面，从袖口至肘部附近在大袖片上烫一条折痕。

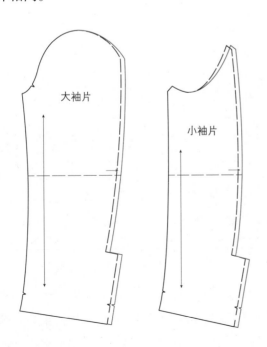

虽然纸样上标的装袖缝份是1.6cm，但装坯样袖我们采用1.3cm缝份。因为已经检查了袖窿的合体性和袖山的**放松量**，所以缝份的差异不必太严格。弧形袖窿使用1.3cm缝份更便于操作，拼缝线中的缝份体积减少，袖山顶部的**放松量**也为装袖提供了更大空间。

最好使用专用人台进行装袖，西装套在人台上，便于观察整个袖窿的形状，也能看清前袖窿底部的弧线是否和袖片对齐，这个对齐的位置称为前吻合点，无论前吻合点有没有被刀眼标记过，它都是袖片和袖窿粗缝起来进行试样的第一个校正点。

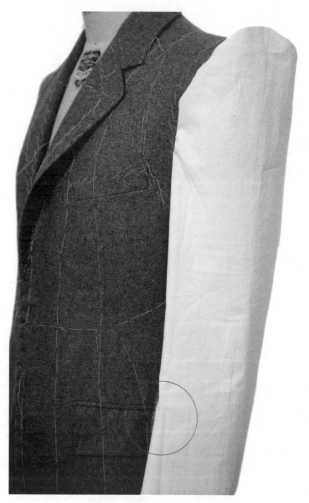

大、小袖片后拼缝线对应袖窿圈上的点被称为后吻合点。为了确定这个点的位置，将袖片顶点提起，让袖片向前垂落，直至袖口接触到划粉笔标记的口袋线位置。划粉笔标记的是手臂自然放下时向前倾斜的距离，袖片必须前倾成同样的角度，穿着时才不会出现皱折。将袖片后吻合点与袖窿圈粗缝固定起来，让袖片前倾至口袋划粉笔标识线位置。

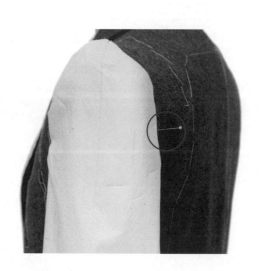

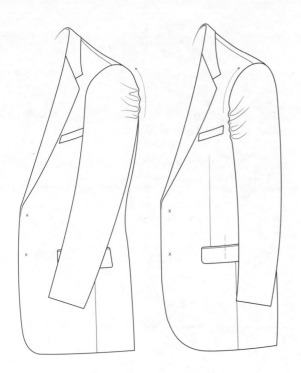

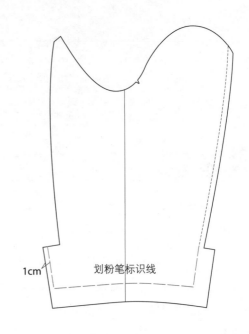

片自然垂落时，外形流畅且没有折痕时，用划粉笔在西装上和袖片上分别标记下前片和后片的吻合点，这些吻合点将转移标记在纸样上（条格袖子参见本书197页内容）。

1cm　　　　划粉笔标识线

将衣片在前后吻合点用大头针暂时别住，沿着袖窿弧线绷缝，将5cm至5.7cm长的**放松量**均匀分布在衣身袖窿上已用口袋布加固的区域，只留下从小袖片中部向前6.4cm的一段不加入任何**放松量**。坯样袖的袖山可能会起皱，但如果你已经准确地测量过袖窿圈尺寸，这些服装面料皱褶在成衣面料上是很容易控制的。

检查袖拼缝线处的外形。如果从袖片前方或后方有指向上方的斜向拉痕，装袖时就要向前或向后小幅移动，直至拉痕消失为止。当袖

西装袖的长度取决于客户的穿着习惯，西装穿着时的舒适感应该是决定长短的主要标准。如果你选择西装袖口下露出1.3cm长的衬衫袖口，这也是纯粹的个人着装风格，那么以这个尺寸调整坯样袖长度，并用大头针固定住。

袖片的熨烫工艺

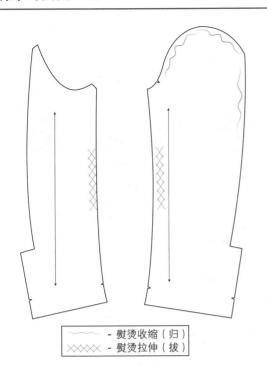

〰〰〰	- 熨烫收缩（归）
××××	- 熨烫拉伸（拔）

袖片与服装的其他裁片一样，可以被蒸汽熨烫定型，塑造成美观的形状。当坯样袖上所有的尺寸都修正完成后，就可以非常有把握地裁剪西装面料袖片了。

袖片的袖山顶部需要加入放松量（吃势），放松量是通过手工绷缝来分布的，而不是事先熨烫好的。

袖片上需要熨烫的主要部位是大袖片肘部附近的前袖缝。为了在这个位置塑造出理想的形状，从大袖片的前吻合点处划粉笔画一条线，与前袖缝弧线平行。在肘部位置，向前方熨烫拉伸这条线下的面料，当面料在弯弧的划粉笔线上形成折叠时，就获得了预期的形状，拉伸后的褶量可以在大袖片外侧平摊展开。

这个熨烫过程有助于袖片向前弯曲，与手臂的自然体态保持一致。

袖衩的制作

当袖片熨烫完成，就可以车缝袖底缝，并将拼缝分开烫平。在袖片的正面，用划粉笔画出袖口线和袖衩折边线。大袖衩的折边线是袖拼缝的延长线，小袖衩的折边线距离衩边1cm。

裁剪一块斜向的口袋布用作加固条，宽度为12.7cm，长度要超过袖口上袖衩两侧的间距。喷蒸汽将口袋布熨烫成略向内弯弧的形

状，这样才可以服贴地装在西装袖口的反面。

沿着划粉线标识绷缝袖口，固定住加固用的口袋布，并斜向绷缝住口袋布的上缘。

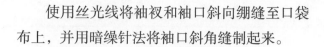

使用丝光线将袖衩和袖口斜向绷缝至口袋布上，并用暗缲针法将袖口斜角缝制起来。

紧挨着小袖衩上的绷缝线修剪口袋布布边，距离大袖衩上绷缝线约1.3cm修剪口袋布布边。在袖口上方，将加固条斜向绷缝在袖拼缝缝份上。

因为大袖衩比小袖衩长1.5mm，所以要先绷缝袖衩，然后再合并袖拼缝。

沿着绷缝线依次折叠并熨烫小袖衩和袖口。将大袖衩底边折成斜面并烫平，除非面料特别厚实，否则我们建议不要剪掉边角多出的面料，折边给大袖衩留下一部分面料，为未来可能修改袖长提供了可能。

大袖片边缝应比小袖片边缝长出约1cm（见本书186页内容）。华达呢或其他厚型粗纺呢绒面料的大小袖片边缝差最好是6mm。将这部分长出的**松量**归拢在大袖片边缝的前三分之一处，在车缝袖边缝之前，先用熨斗将松量形成的褶皱喷蒸汽熨平。

将袖片铺在平面烫台上熨烫，注意熨斗只熨烫衣袖两侧3.8cm以内的部分。

在袖衩顶点下约6mm处，车缝大袖衩，并将缝份分开烫平。在袖衩顶部，斜向折起并熨烫缝份，这里不用修剪缝份，造成袖衩缺损。

使用丝光线来回针法固定住袖衩的顶点，袖片现在可以缝装衬里布了。

袖里布的制作

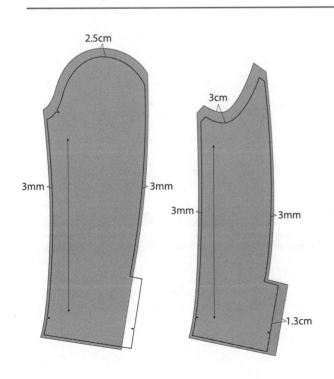

按照袖片纸样的形状裁剪袖片衬里布。裁剪时，袖片纸样的各边需放出如图所示的尺寸，注意大袖片没有袖衩结构。

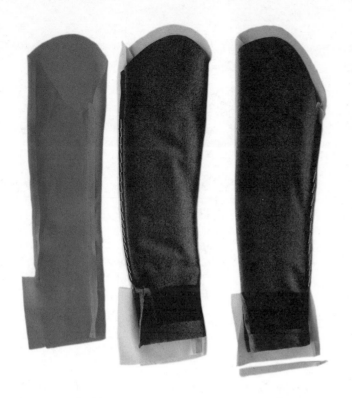

将袖片翻转到袖衬里一侧，这样便于处理袖衬里的袖口和袖衩。沿着小袖衩边缘折起并绷缝袖衬里（从这一侧看，小袖衩是位于上方的），并在袖片袖口上方约1.9cm处折起袖里布袖口，再在这个折缝上2.5 cm处绷缝袖里布袖口，在后续工序中就可以提起袖里布进行手缝。

将袖衬里布的大小袖片车缝拼接在一起，拼缝线缝份分开烫平。

将袖衬里和袖片都里朝外翻出，并叠放在一起，小袖片与小袖片衬里布相对，袖衬里布会在袖片上端露出1.9cm宽的布边。从大袖片袖缝顶部向下约10.2cm处开始，将一层衬里布缝份与一层大袖片缝份斜向绷缝在一起，绷缝向下直至袖衩顶部位置。在袖口折边处将衬里布修剪到2.5cm。

小袖片袖缝重复上面的绷缝。

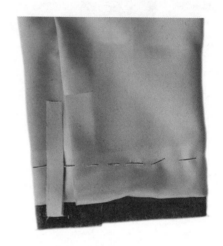

现在在袖衬里拼缝底端下方约1.3cm处，将上面一层袖衬里布水平剪开。剪口向前延伸，刚好越过小袖衩的边缘。这个剪口使得袖衬里可以沿着大袖衩的边缘进行折叠。

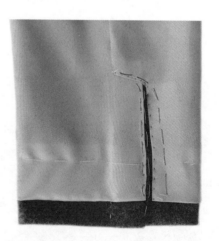

在袖衩顶部斜向折叠袖衬里，并手工绷缝固定住。袖衩衬里的两侧和顶部均使用丝光线和来回针法手工缝住。

提起袖口的衬里布，将一层衬里布用卷边缝法缝在袖片的袖口上。

将袖口翻至正面，袖衬里布整理平整，距离袖顶部约20.3cm左右，横向绷缝大袖片，固定住大袖片的袖衬里布。当你装袖时，这条绷缝线将牵制住衬里布，使其不发生扭斜。在平面烫台上，从正面熨烫袖片，熨烫时袖片上方垫上烫布，在前袖缝的肘部到袖口之间烫出一条浅浅的折痕。

装袖工艺

只有在坯样袖试样之后，才能将成衣面料制作的袖片缝装上西装衣身，这次正式的装袖工艺，可以参考坯样袖提供的前后片吻合点。

意，可以沿着袖窿再次绷缝。在**放松量**分布的位置使用锁缝针法，将**放松量**锁定在相应的部位，也可以防止袖片在车缝时发生偏移。

6mm

用针距约为6mm的拱针法直线绷缝西装袖片和衣身，正反面针距长度相当，绷缝的针距如果太小，就无法在针脚里加入**放松量**。袖片装上衣身后效果不理想，不要泄气，可以多尝试几次，直到袖片自然垂落时，袖山没有皱痕为止。

如果初次绷缝的袖片垂势效果让人感觉满

在车缝袖片前，还有一道工序要做。在平面烫台上，在衣身面料的反面，喷蒸汽熨烫并归拢袖窿顶部缝份的皱缩。小心地从袖窿边向着衣身方向熨烫，熨烫面积不要超过2.5cm范围。如果继续向前熨烫的话，就会烫平前期精心加入的袖山**放松量**，这些**放松量**至关重要，所以烫平皱痕即可。

将垫肩卷起，沿着袖窿圈车缝，只缝住衣身袖窿和西装面料的袖片，以及口袋布加固条。

粗缝衣身袖窿圈

袖片虽然装好了，但肩部和袖窿部位还需要进一步工艺制作，西装衬里布在后袖窿处还没有缝合固定，垫肩也需要绷缝到袖窿的缝份里。当这些都制作完成了，才能缝装袖山头和拼缝袖里布。

用一只手抵在西装内部，撑起肩部的形状，沿着袖窿圈，向着袖拼缝线方向抚平衣身面料。从前吻合点向上开始绷缝，越过肩线一直缝到垫肩底部末端，从前吻合点到垫肩始端绷缝时，固定住面料和衬里布，继续向上并越过肩线绷缝时，固定住一层垫肩包布。

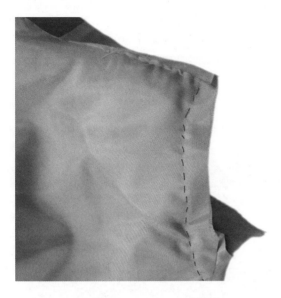

在西装后片的内侧，袖窿处的衬里布还没有缝合固定。从腋点向上绷缝袖窿的后半圈，一直缝到衬里布的肩线位置。绷缝时，使用针脚较宽的来回针，并在后衬里布加入少许**放松量**。

因为是在西装里朝外翻的时候进行绷缝，注意，现在垫肩的方向正好与西装穿着垫肩的方向相反。在将垫肩绷缝到袖窿缝份上之前，需将垫肩捏压成正确的弯曲形状。并将西装翻到正面进行比较，以确定弯曲的正确方向。不需要绷缝住整个垫肩，将垫肩上一层包布缝住即可。

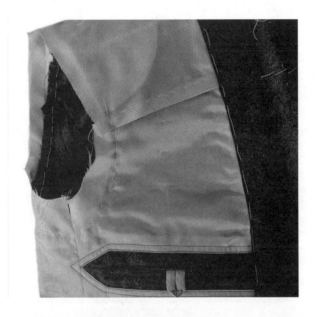

垫肩、西装衬里布、口袋布、袖片和西装衣片，此时都汇集在袖窿缝份处。沿着袖窿绷缝，将所有这些结构粗缝在一起，这样肩缝就合成一条紧密而稳定的肩线。先在袖窿缝份上绷缝，不要碰到垫肩，绷缝使用来回针缝法，距离袖窿车缝线约3mm。

如有必要，现在将垫肩和袖里布与西装缝份修齐。小心不要剪掉侧片后拼缝的缝份，因为缝份很窄，如果不慎剪到，后期想调整这个部位就无法操作了。

袖山头是一根细长条形的棉絮，外用细平布和斜裁的**衬料**裹住。袖山头的作用是撑起袖山顶部，在袖子的顶端塑造美观的肩形。

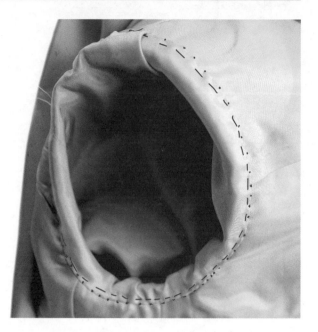

在将袖山头装上衣身肩部之前，应先用蒸汽熨烫定型成圆弧形，如上图所示。

缝好后，将袖里布翻出，并沿着袖窿边绷缝，绷缝的线迹要刚好盖住绷缝袖山头的线迹。袖里布顶部向反面翻折约6mm，检查衬里布的拼缝是否与袖片的拼缝对齐。扭斜的袖里布会导致袖臂垂势不正，穿着时也极为不舒服。使用丝光线和暗缲针缝法将袖里布缝到袖窿缝份上。

袖山头上的衬料正面朝上插入袖窿内，使用丝光线将袖山头手缝在袖窿缝份上。从前袖窿吻合点向上，越过肩线，再向下到后吻合点下方约5cm，将袖山头的边缘与袖窿弧线的缝份均匀地对齐，再用来回针法将袖山头手缝到衣片袖窿上，注意针脚与衣片袖窿弧线的间距始终保持一致，袖山头距离袖窿弧线越近，它能给予袖山顶部的空间就越大。

袖片的对格对条设计

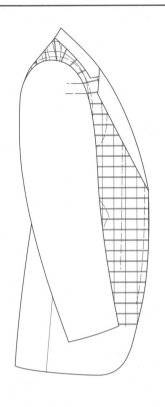

如果你制作的是格纹面料西装，裁剪时，袖片与西装前片上的水平格纹线必须对齐（因为袖山**放松量**的原因，袖片和西装后片上的水平格纹线无法对齐）。

当坯样袖装好后，在坯布袖的袖窿前侧标记两三条辅助线，确定格纹水平方向的线条，然后将辅助线转移绘制到袖片纸样的前袖窿处，作为后期排料的参考线。

钉扣和锁纽洞工艺

高级男西装的纽扣应与服装上的其他制作材料的品质保持一致。

商务西装或礼节性西装应选择品味最好质量最上乘的纽扣，与西装面料颜色接近的钝牛角或牛骨纽扣是传统经典西装的首选；闪闪发亮的塑料纽扣略轻浮，并不适合高档面料；海军宽松西装外套常常搭配华丽的银质或金质纽扣；皮质纽扣则适合运动型西装。

西装大身上的纽扣一般直径为1.9cm，袖扣直径为1.3cm。

驳领西装上的第一粒纽洞，应位于**驳头**翻折线底端下方约1.6cm处。如果第一粒纽扣的位置过高或过低，**驳头**的翻折就会偏离原来的翻折线。

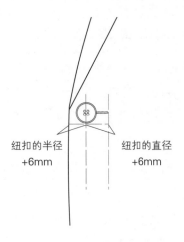

纽扣的半径
+6mm

纽扣的直径
+6mm

成品西装的门襟边缘向内约纽扣半径长的位置再向内延长6mm就是纽洞的起始端。

西装纽洞的尺寸是纽扣直径尺寸加上6mm。

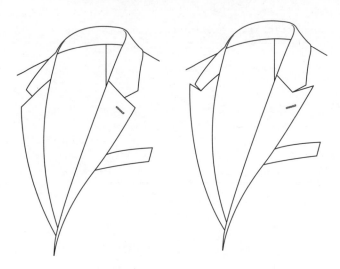

如果需要在**驳头**上开纽洞，那么这个纽洞方向应该与**驳头**的上缘平行。如果在戗驳领上开纽洞，纽洞应与**驳头**上缘平行，方向是斜向上的。在方形**驳头**上的纽洞方向是斜向下的。

在袖片上开纽洞，会突出西装的高级定制感。纽洞在袖口上方3.2cm处开始，距离大袖衩折边1.3cm。如果袖片上有三颗纽扣，纽洞间距约为1.9cm，如果是四粒扣，纽洞间距是1.6cm，纽扣几乎是彼此紧挨着排列的。

袖片纽洞大小是袖扣半径加上3mm。

手工锁纽洞是高级定制的象征，车缝锁纽洞也较常见，但外观就没有那么细腻和精致。

驳领纽洞长度通常介于1.9cm到2.5cm之间，具体尺寸取决于**驳头**的宽度，因为这个纽洞实际上并不用于系扣，所以纽洞的末端没有钥匙孔环形。

驳领纽洞位于**驳头**上缘的下方约3.8cm，距离领边向内1.3cm的位置。

在**驳头**反面，纽洞下约2.5cm的位置，缝一个小线圈，这个线圈是为了固定住插入纽洞的花束茎。

锁纽洞工艺

穿过西装前片、胸衬和挂面剪开纽洞。在纽洞靠近西装门襟边的一侧，剪一个微型钥匙形孔眼。

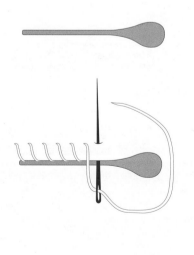

沿着纽洞边缘，修剪干净胸衬，防止胸衬的白色毛头露在纽洞缝线里。

选用丝光线包缝纽洞，包裹住纽洞上剪断的纱线，包缝针脚不会显露在制作好的纽洞上。

裁一长条纽洞辫带，长度约是纽洞长的三倍。另准备专用锁眼丝光线，剪一码长或直接将一卷锁眼线打蜡，夹在两层纸之间熨烫，熨斗的高热会熔化蜡油，浸入蜡油的缝线变得更加细腻和结实。锁纽洞使用单股锁眼线，缝线尾端打结。

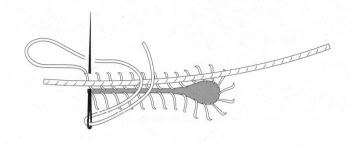

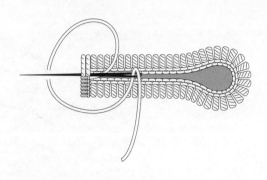

锁纽洞的起针尽量靠近纽洞直边一侧，将辫带插入缝线形成的线圈中，不要担心辫带的截头，我们稍后就会进行修剪。

锁眼线将在纽洞内圈形成一圈硬边，为了获得这个硬边，锁眼线必须要绕过手缝针打个线圈（如下图所示），再拉至纽洞边打成线结。锁纽洞时拉紧锁眼线可以让纽洞缝线均匀整齐，确认线结和线圈下方的辫带均朝向纽洞口一侧，以防缝纫中产生滑移。纽洞上每针的纵向针距约为3mm。

在纽洞上缝三四针后，轻轻地拉辫带，将辫带截头藏在这几针起头针中。

整圈纽洞缝完后，紧靠最后一根针脚剪断辫带。纽洞的直边一侧用小套结进行加固缝，套结与纽洞互相垂直。

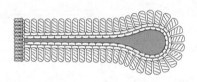

在完成最后一针后，将手缝针拉至面料和衬料之间，距离纽洞约2.5cm的地方，轻轻抽拉缝线，在面料上形成细小的皱缩，紧挨着这个皱缩，剪断缝线。当面料抚平恢复到原状时，缝线的断头就被隐藏在西装的面料和衬料之间。

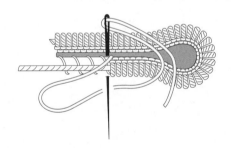

围绕纽洞手缝扇形线迹，通过整齐的排列组成纽洞一侧的钥匙孔形状。

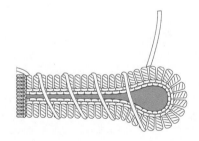

将纽洞闭合后用包缝针法手工缝住，大烫后才能拆开。

最后的整烫工艺（大烫）

　　参照本书11页介绍的熨烫技巧，对整件西装进行最后的整烫。整烫必须在缝钉纽扣之前进行，因为没有纽扣的制约，熨斗移动起来更加自由，熨烫后的西装整体效果最好。整烫部位的具体步骤和顺序如下：

（1）依次熨烫西装**驳头**底面、翻领底面，然后是另一侧**驳头**底面和翻领底面。

西装内部的整烫

（2）从驳头底端至西装前片下摆熨烫**挂面**，接着熨烫**腰部**以下的衬里布，先熨烫一侧衣片，再熨烫另一侧衣片。注意，衣身定型的部位需铺在熨烫馒头上熨烫。

（3）熨烫西装两侧**胸部**位置的衬里布。

（4）从西装的一侧至另一侧熨烫整个衬里布下摆。

西装外部的整烫

（5）正面熨烫西装的左右前片，从肩线熨烫至下摆位置，熨烫所有侧缝线。

（6）正面熨烫西装后片，从肩线一直熨烫到下摆位置。

袖片的整烫

（7）正面熨烫袖前缝和袖底缝。

（8）将袖烫板垫入西装袖内，熨烫大袖片，将前臂至袖口，肘部至袖口的上下两处位置熨烫成略向前弯的造型。

（9）熨烫腋下部位的衬里布。

（10）戴上熨烫手套，垫在西装肩部内，在西装正面熨烫左右肩部和袖山头。

（11）正面熨烫左右**驳头**。

（12）将**驳头**和翻领平放在熨烫板上，熨烫**串口线**，熨烫时稍稍拉紧靠近颈部一侧的**串口线**。

纽扣的定位

单排扣西装的纽扣定位是先将西装左右前片的挂面面对面对齐。

然后在西装正面，用大头针穿过左前片纽洞上的钥匙孔环，穿至右前片上定下纽扣的位置。

双排扣西装的纽扣定位要复杂一些，因为西装左右前片上都有纽扣和纽洞。

双排扣西装上左侧一排的纽洞的测量方法与单排扣西装纽洞相同。

前中心线

根据纽洞钥匙孔到前中心线之间的距离来确定西装左前片上的纽扣位置，前中心线至纽扣位置与纽洞至前中心线距离一致，左右对称。

将西装左右前片闭合，前中心线对齐，在左前片上的第一颗纽扣处别插一个大头针，这个大头针别插的是右前片上的纽洞位置，同时也是左前片内扣的位置。

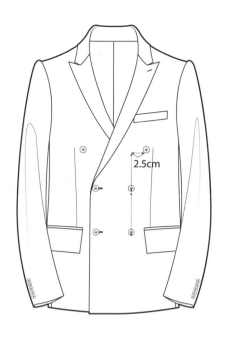

2.5cm

在西装大烫后，用双股打蜡熨烫过的强捻丝光线给西装缝钉纽扣。

许多裁缝师使用两股线（如图所示）来进行双线缝，这是颇有难度的。双线缝的缝纫线长度较短，所以针可以灵活地在面料的不同位置穿梭，也因为缝纫线较短，减少了棉线被手缝针多次牵拉，在同一地点受到磨损的机会。

西装前片上缝钉纽扣的针脚，不能穿过下方的辅料，因此，**挂面**上不会出现线迹。手缝针用四股线在每个洞孔绕穿两次，在纽扣面上形成一个交叉的拱形。钉扣时，将纽扣从西装上略微提起，形成一个6mm高的纽座。

纽扣定好后，将缝线在纽座上绕缠几圈，在纽座将穿过纽扣四孔的缝线束在一起，这样缝钉好的纽扣牢固结实，使用中不易脱线掉落。

一旦确定好**驳头**下方的纽扣和扣眼位置，就可以在**驳头**底部上方钉上两粒纽扣，西装左右前衣片各一粒。所有纽扣之间的纵向垂直距离相等，但并不是居于一条线上。最上端两粒纽扣向着袖窿方向要宽出2.5cm。

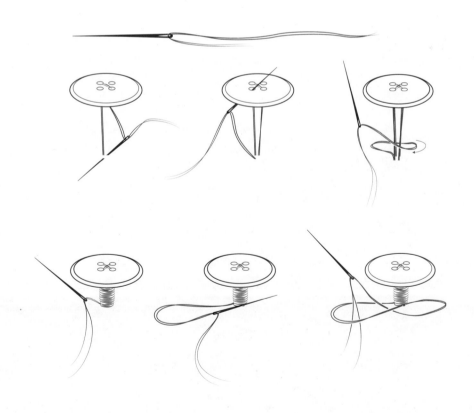

第七章

高级男西裤的制作

高级男西裤的熨烫工艺

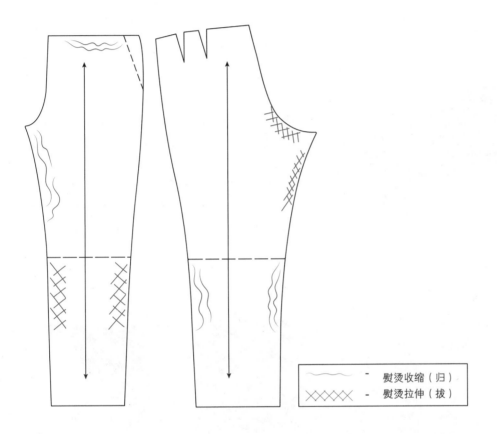

～～～	熨烫收缩（归）
×××××	熨烫拉伸（拔）

　　与西装相比，西裤较为不受重视。这可能是因为西装有着更为繁复的细节和造型设计。但是，一套完整的高级西装不能缺少精心裁剪、合体美观的西裤。

　　传统的西裤纸样上，裤子的拼缝线位于两条裤腿的内外侧，这样的设计是为了符合大众审美的习惯，但在许多方面对塑造优美的裤型形成了障碍。从侧面观察人体时（见本书19页

内容），正常的标准人体的腿型并不是笔直的，而是呈现一种微妙的S形状，大腿略向前凸出，而小腿则向后弯曲。

　　为了使制作完成的西裤能呈现这种优雅的裤型，西裤的前后裤片在制作中都必须经过熨烫整理，借助大量的蒸汽，将裤片归拔成特定的立体形状。

当归拔熨烫完成，前裤片就不再是平整的一块平面，在大腿前方和小腿后方出现微型立体形状。

将前裤片沿着裤长方向对折，裤脚口左右对齐，一直对折到裆底线。使用大量蒸汽，以同心圆熨斗转动的方法，将前裤片小腿位置（在膝盖刀眼下方）的裤外缝向外拉伸熨烫，大腿位置的裤外缝向内熨烫收拢。

后裤片用相同的手法进行熨烫，裤脚口左右对齐，沿着裤长方向，从裤脚口一直对折到膝围线刀眼的上方。

后裤片的膝围线以上部分不需要特别的熨烫整型，因为整型可能会减少大腿的活动空间。但是我们会收窄膝围线以下的内外裤缝线，这样做的目的是塑造小腿位置略向前倾的裤型。

高级男西裤裆底的加固工艺

裤裆的前部使用裆布进行加固，目的是增加裤裆斜向的牢度，也可以隔离湿气和保护面料。

裆布是一条边长17.8cm的正方形口袋布，将口袋布斜向对折，对折边熨烫成弧形。

在两条裤前片的反面，将裆布使用棉线粗缝固定在裆部位置，裆布折边向内，朝向裤片的大身方向，裆布上端位于门襟止口刀眼上方约1.3cm处。

均匀地沿着裆部的边缘形状修剪裆布，然后沿着裤裆边缘将裤片与裆布包缝在一起。

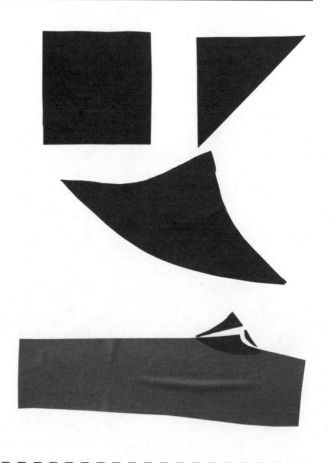

高级男西裤口袋的制作

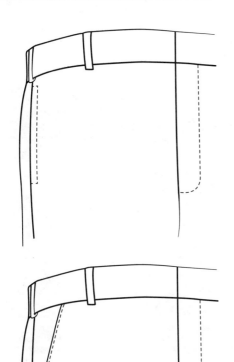

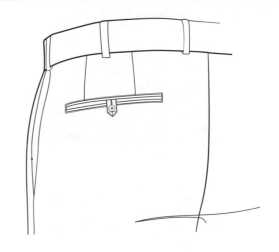

正如本书第2章（见本书23页内容）中所建议的，如果你选择了直插袋设计的西裤纸样，那么可以根据下面介绍的方法制作前口袋，也可以运用这些工艺技法进行自己的设计创新。

上图展示的西裤后口袋是有扣袢的双开线口袋，双开线口袋上也可以不配扣袢。

左图所示的两款前口袋，本书263~265页提供有具体纸样。

斜插袋

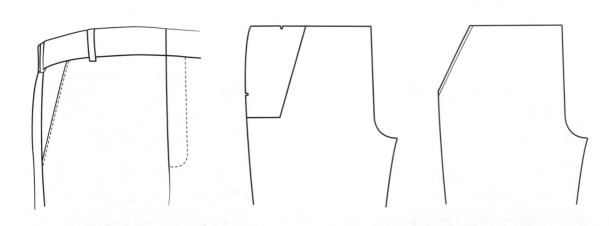

如果西裤纸样是斜插袋设计的，那么前裤片纸样上，侧缝线顶部可能已经被斜切掉了一块。

如果想将斜插袋设计在直插袋西裤上，可以根据本书264页提供的斜插袋模板来修改整个纸样。

将斜插袋模板紧挨着侧缝线的顶部放置在前裤片面料上。在前裤片**腰线**和侧缝线上分别用划粉笔标记出模板上的刀眼位置，然后移开模板。模板预设的西裤侧缝缝份为1.9cm。

每只口袋裁切一块口袋布，宽约40.6cm，长约30.5cm，方向为直丝缕（经向）。对折口袋布，并将外侧的口袋布底边直角修剪成圆弧形。

再次使用斜插袋模板裁剪垫底布，用西裤面料沿着直丝缕方向进行裁剪，毛向朝下，两只口袋的垫底布使用同一块模板，确保形状一致。将垫底布没有刀眼的一侧，抵住模板边向反面扣烫，倒缝为6mm。

从腰线刀眼到侧缝刀眼用划粉笔画一条直线，在这条线上方，间距6mm的地方平行画第二条线，作为袋口的缝份。修剪掉缝份线上方的面料。

使用在本书265页提供的侧插袋和斜插袋贴边模板，沿着直丝缕方向用西裤面料裁剪，每只口袋裁两块贴边，每块贴边上最长的一边，向反面扣烫6mm的边缝。

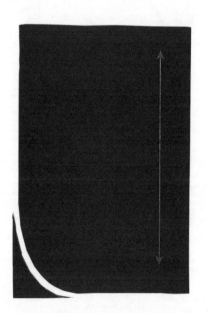

将一块口袋布放置于前裤片的反面，顶边超出前裤片上平线6mm，侧边超出侧缝线1.6cm。将斜插袋贴边正面朝下，放在前裤片上，**贴边**没有扣烫的一边与西裤侧缝线顶部的斜向切口对齐。沿着斜边将**贴边**、西裤和口袋布三层车缝在一起，缝份为6mm。

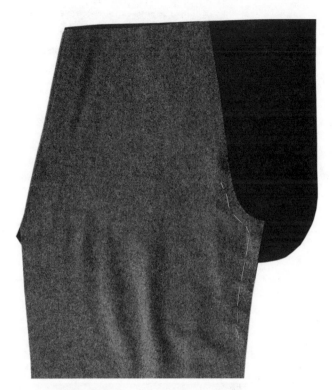

在前裤片正面，距离翻折的袋口边约6mm处，使用明缉线固定住斜插袋袋口。

修剪掉**贴边**上方多出的口袋布。

将**贴边**和拼缝线翻至西裤反面，并熨烫定位。拼缝线向后烫倒，避免在成品西裤上翻露出来。

在前裤片的反面，使用明缉线将**贴边**扣烫的一边缝合到口袋布上，这条明缉线不能缝到前裤片上。

在西裤侧缝线的上端放置垫底布，刀眼对齐，并用大头针固定。

展开口袋布，直接将垫底布用明缉线压缝在口袋布上。

对折口袋布，对齐弧形边，大头针将垫底布固定在口袋布上。

再次对折口袋布，这次对折后要将袋里翻出，这样做是为了能用来去缝方法来缝制袋底。在侧缝刀眼下1.3cm处，以1cm的缝份开始车缝，缝份向下逐渐收小，到袋底弧形边处缩小为3mm，然后以这个缝份缝完口袋布底边。

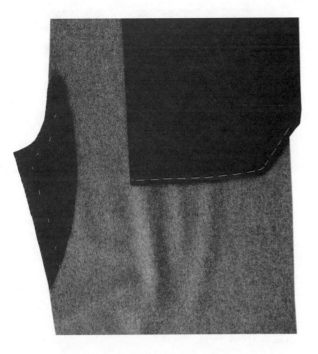

将口袋布正面翻出并进行熨烫，沿着口袋布的拼缝，再压缝6mm的明缉线。

在袋口正下方，口袋布紧挨着西裤面料的一侧，在口袋布和**贴边**上剪一个深约2.5cm的剪口。在后道缝合侧缝线时，可以通过这个剪口控制住口袋。只有在所有口袋和门襟装好之后，西裤的侧缝线才能被缝合。

直插袋

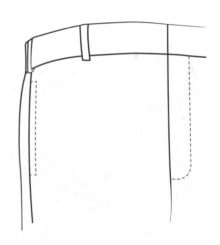

直插袋是位于前裤片侧缝里的口袋，袋口长度在15.2cm和16.5cm之间，袋口上端位于裤腰下5cm处。

在前裤片袋口的上下两端止点处剪刀眼，作为位置标记，刀眼深不超过3mm。

将一块口袋布放置于前裤片的反面，口袋布底边对齐袋口下刀眼1.6cm，在**腰线**中部高出前裤片1cm。

根据斜插袋贴边的纸样（见本书265页内容），使用西裤面料，沿着直丝缕方向，为每只口袋裁剪两块**贴边**。将**贴边**上最长的一边，朝向反面扣烫6mm的边缝。

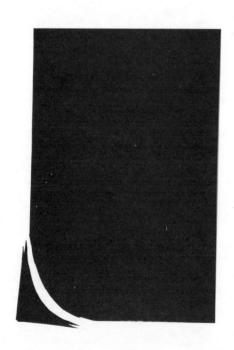

为每只口袋裁一块口袋布，口袋布方向为直丝缕，长宽分别为33cm和40.6cm。沿着宽度方向将口袋布对折，并将口袋布的外侧底部修剪成圆弧形（如上图所示）。

将一块**贴边**正面朝下铺放在前裤片侧缝线上，**贴边**的顶端比侧缝线顶端低1.3cm。在贴边上用划粉笔标记下上下刀眼的位置。从上刀眼到下刀眼沿着弧线车缝，弧线中部的弯曲度不超过6mm，上下刀眼处的车缝缝份为纸样上的缝份，而弧线中部最窄处的缝份则为6mm，弧线的上下两端车缝来回针固定住。

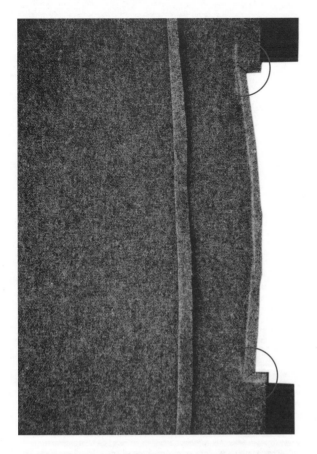

再将**贴边**翻至前裤片的反面，在前裤片反面，略向后拉**贴边**的扣缝线，使得裤片正面看不到贴边。在前裤片正面，距离袋口边6mm明缉线车缝袋口。袋口两端车缝来回针固定。

现在正对着上下刀眼，将口袋布和前裤片同时剪开，多出的面料修剪掉，沿着弧线拼缝线边缘留下约6mm宽的缝份。

在前裤片反面，明缉线将**贴边**折叠的一边车缝到口袋布上，车缝时只缝住口袋布和**贴边**，在前裤片正面，不能看到这些线迹。

将**贴边**从前裤片上翻折过来，紧挨着弧形拼缝线，在**贴边**上车缝明缉线，将**贴边**扣缝在拼缝线的缝份上。

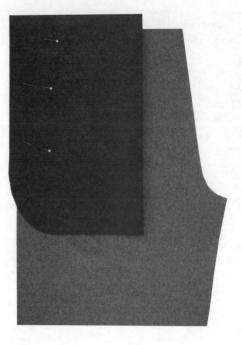

将第二块**贴边**正面朝下放在第一块**贴边**的上方，两块**贴边**四边对齐，第二块**贴边**的折边方向朝上。

然后将口袋布展开，用明缉线将第二块**贴边**车缝在口袋布上。

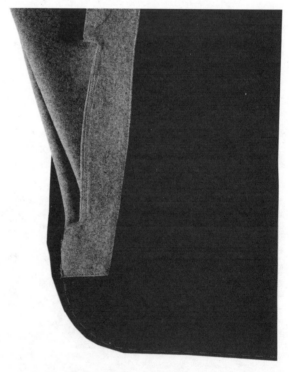

现在将口袋布对折，盖住下方的**贴边**，确认口袋布弧形底边均匀对齐后，大头针穿过口袋布，将下面的第二块**贴边**别在口袋布上。

再次对折口袋布，这次是里朝外对折，准备车缝来去缝。提起裤腿并放在一边，然后从袋口底部沿着口袋布边开始向下车缝，袋口底部缝份为1cm，缝份逐渐收窄，在弧形口袋布底边处缝份为3mm，再以这个缝份车缝整个口袋布底边。

　　将口袋布翻转到正面，并进行熨烫，距离口袋布边缘6mm，再次用明缉线缝制口袋布底边，完成整个来去缝工艺。

　　在袋口正下方，口袋布紧挨着西裤面料的一侧，在口袋布和**贴边**上剪**一个深约**2.5cm的剪口。在后道工序中，这个剪口有助于你拼缝裤侧缝时，可以将口袋拨开。

　　只有在所有口袋和门襟装好以后，西裤的前后侧缝线才能被缝合。

西裤后口袋是双开线口袋，袋口的扣袢可有可无，西裤后口袋的制作方法与西装上的双开线口袋略有不同。

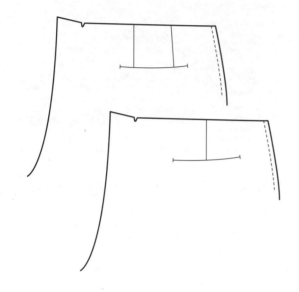

裤后袋的口袋定位线约为12.7cm到14cm长，用一条略弧的曲线画出，弧线中心比两端低约3mm，这条弧线有助于防止口袋不用时，袋口不美观地张开。口袋定位线一般定在一条或两条后腰省的末端，距离裤外侧缝约5cm。检查西裤后腰省的长度，如果省长超过8.9cm，口袋位置就会过低，这将导致穿着者落座时，会正好坐在口袋里的钱包或其他物品上。针对口袋过低的修改方法是将省缩短到8.9cm，以避免可能造成的不便。

使用后袋嵌条纸样（见本书263页内容）和后口袋贴边纸样（见本书266页内容），用西裤面料沿着横丝缕方向，为每只口袋各裁剪一块**嵌条布**和一块**贴边**。

每块裁片沿着经向，向反面扣烫6mm的折边。

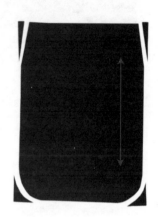

沿着直丝缕方向，裁剪两块长、宽分别为25.4cm和17.8cm的口袋布，将两块口袋布叠放在一起，修剪上下四个边角的形状（如上图所示）。

将一块口袋布铺放在后裤片的反面，在口袋中部位置，让口袋布高出裤片6mm。

在**嵌条布**反面绘制口袋定位线，沿着这条线将**嵌条布**绷缝到裤片上，绷缝时，也固定住下方的口袋布。

在两条缝线中间向两端开剪袋口，靠近两端位置各剪一个边长为1cm的三角剪口。

将缝纫机针距调小（每2.5cm约16针），围绕口袋定位线车缝一圈，上下两条线距离定位线均为3mm，车缝的起始端均位于定位线的两端。

将**嵌条布**从剪口拉至后裤片的反面，沿着袋口绷缝，裤片正面袋口上下各保留一小块**嵌条布**，在后裤片正面蒸汽熨烫口袋定型。

在后裤片正面，紧挨着**嵌条布**的两端和底边车缝。

在后裤片的内侧，将**贴边**正面朝下，中心对准袋口，铺放在缝好**嵌条布**的口袋布上，**贴边**的折边朝上。

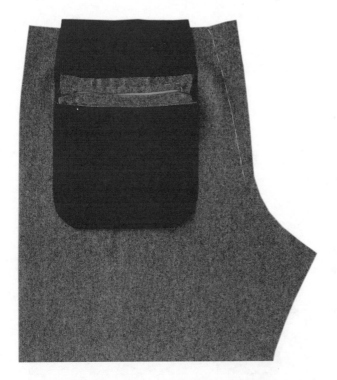

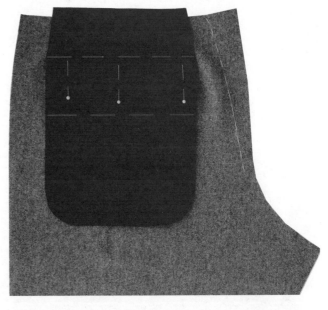

在后裤片反面，用明缉线将**嵌条布**折边车缝在口袋布上。

将第二块口袋布铺放在第一块口袋布上，四边对齐，大头针穿过第二块口袋布别住下方的**贴边**，这张照片上的虚线表示的是下方贴边的位置。

将两块口袋布再次叠放在一起，这次，将口袋布里面翻出，为了能用来去缝车缝起来。车缝时，必须将裤片提起，以免被缝住。沿着口袋周边用3mm缝份将口袋缝制起来。

现在已经确定好**贴边**的位置，移开第二块口袋布，这样**贴边**就可以车缝在口袋布上。沿着贴边的折边用明缉线将贴边车缝在口袋布上。

将口袋布翻出，并进行熨烫。再次沿着口袋形状车缝，这次距离袋边6mm，完成整个来去缝的制作。

沿着直丝缕方向，用西裤面料裁剪一根细长条作为纽襻，长、宽分别约为3.8cm和10.2cm。沿着经向缝制这根布条，缝份为1cm，并将缝份分开烫平。

然后将布条翻至正面，拼缝熨烫至中间部位。现在将布条折成箭头形，并在正面用明缉线缝制布条的两侧（如上图所示）。

　　将纽襻插入袋口中，在上**嵌条布**下方留出
1.6cm的长度。

　　裤后袋缝制完成，最后在袋口下**嵌条布**的
下方正中位置，钉一颗直径为1.3cm的纽扣。

　　紧挨着嵌条布，用明缉线车缝口袋两侧和
上方袋口线，并将纽襻和口袋布固定住。

高级男西裤门襟的制作

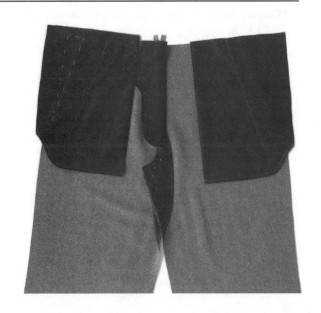

在前口袋制作完成后制作西裤门襟。

上图所示的西裤门襟被称为法式门襟，这种门襟下的里襟会延展成门襟襻的样式。

制作法式门襟首先需要纸样模板（见本书268页内容），你可以复制纸样模板并剪切下来。

在前裤片上方留下大约6mm高的纸样，然后剪去多余的部分。

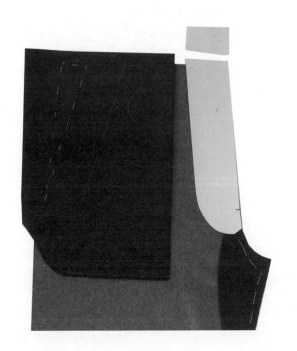

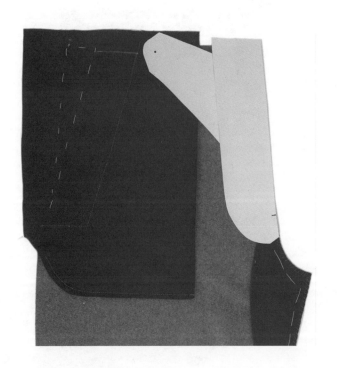

将门襟纸样铺放在前裤片上，刀眼对齐后，确定所需门襟的长度。

将门襟襻纸样（见本书267页内容）铺放在前裤片上，襻上的纽洞对齐腰节拼缝线，纽洞对应的纽扣是钉在**腰节**拼缝线上的。

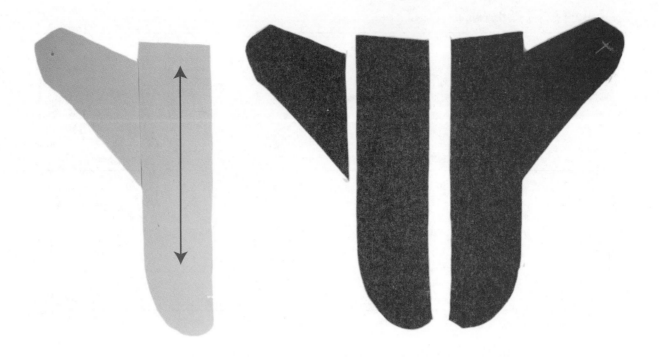

根据门襟襻纸样，沿着直丝缕方向，在西裤面料上裁剪两块门襟裁片，标记顶部的扣眼位置。将两块裁片正面朝上，将上图左侧的门襟襻根据门襟形状进行剪切。

将门襟襻裁片正面朝下铺放在一块斜裁的口袋布上，沿着门襟襻外边缘线车缝固定。

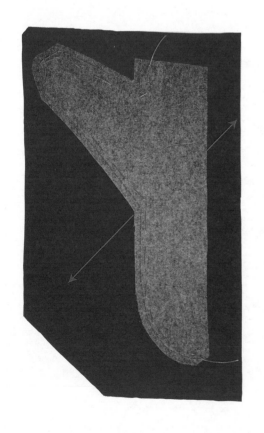

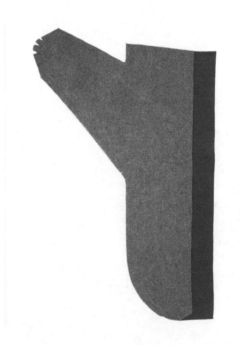

将口袋布的缝份修剪至6mm宽，在未车缝的一侧保留1.9cm。

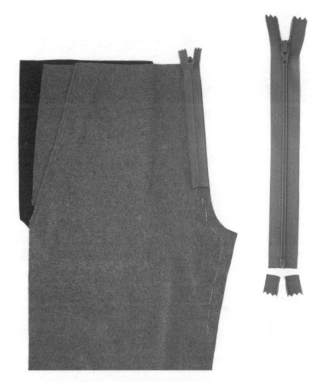

这条加固用的布条底端对准西裤门襟刀眼下方（1.3 cm）的位置。

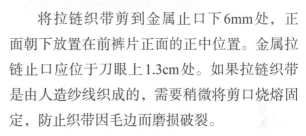

将门襟襻翻至正面，靠近外边缘明缉线车缝固定。在襻口位置机缝一个长1.6cm的扣眼。

将拉链织带剪到金属止口下6mm处，正面朝下放置在前裤片正面的正中位置。金属拉链止口应位于刀眼上1.3cm处。如果拉链织带是由人造纱线织成的，需要稍微将剪口烧熔固定，防止织带因毛边而磨损破裂。

裁一块斜丝缕方向的口袋布，宽度为3.8cm，长度比门襟长1.3cm，将这块布条放置于裤前片反面的前中心位置。

将门襟襻正面朝下，铺放在拉链上方，门襟襻刀眼对准裤片上的门襟刀眼。操作时，将旁边的口袋布翻折起。

将门襟襻、拉链、前裤片和加固布条绷缝在一起。换用一个专用拉链压脚，尽量靠近拉链牙，将几层裁片从**腰节**一直车缝到门襟刀眼处，并在两端车缝来回针进行加固。

在门襟刀眼处斜向剪开各层裁片，一直剪到拼缝线。

熨烫拉链，并将门襟拼缝线翻折烫平。在前裤片正面，紧挨着门襟拼缝线再车缝明缉线。车缝时，将门襟襻的**贴边**口袋布一层提起，以免被缝住。

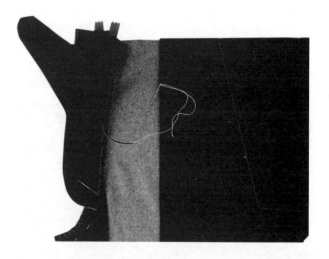

在前裤片反面，先抚平加固布条，盖住拉链缝份后附上门襟襻，将这几层部件绷缝固定后，沿着边缘车缝或用暗缲缝手工缝合。所有缝线不能缝住西裤衣身面料。

用一条斜裁的有纺黏合衬，粘烫在左门襟裁片的反面，沿着门襟外侧留出6mm宽的面料，沿着面料边缘将宽出的裁片部分反扣烫倒在黏合衬上。

将缝份朝向门襟一侧烫倒，从**腰节**到刀眼，紧贴着拼缝线，将门襟与缝份明缉线车缝在一起。

剪切门襟上的刀眼，一直剪到拼缝线位置，然后把门襟和门襟拼缝拉到裤子反面，并熨烫定型。

将左门襟裁片和前裤左片正面相对叠放在一起，从**腰节**到门襟刀眼手工绷缝后进行车缝固定。

将两块前裤片对齐叠放在一起，正面相对，沿着**裆线**，从门襟刀眼车缝到裤内缝顶点上方2.5cm处，两端车缝来回针加固。

在**腰节线**位置，左前裤片应压住右前裤片约6mm，向下左裤前片逐渐收窄，一直到拉链底部位置。将门襟闭合后手工绷缝，绷缝针脚靠近左裤前片门襟的折边。

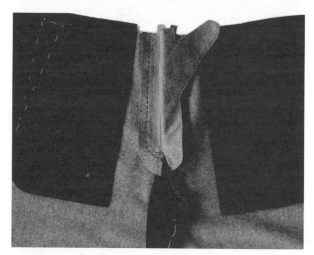

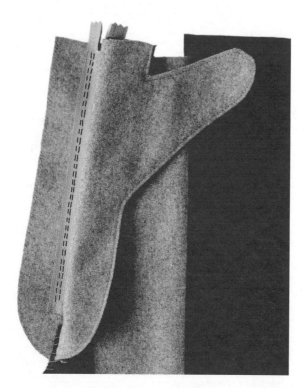

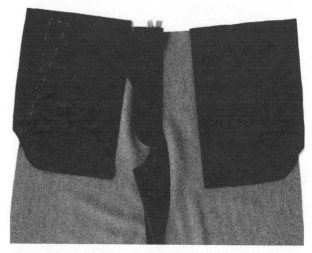

在西裤反面，提起门襟襻，将拉链的另一边车缝到左门襟上，只能车缝门襟和拉链，前裤片不能被缝住。在拉链织带上车缝两排线迹：一排紧靠拉链牙，另一排沿着织带的边缘。

在左前裤片上，距离前中心约3.2cm处，用划粉笔画一条线，与门襟折边平行。这条线向下逐渐变窄，最终弯弧连接到前中心线上，线迹止口位于拉链最低端下方3cm处。在左前裤片的正面手工绷缝，固定住下方的左门襟（不是右门襟）。

　　沿着划粉线车缝明缉线，从腰节到刀眼，只缉缝下方的左门襟。在刀眼处车缝来回针进行加固。整个门襟制作完成了。

　　在腰带缝制完成后，在**腰节**拼缝线上为门襟襻钉上一个直径为1.3cm的纽扣。

高级男西裤侧缝线的制作

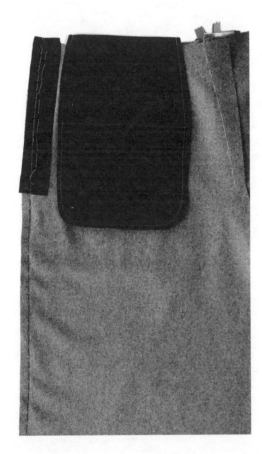
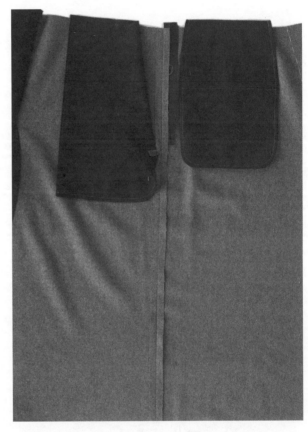

　　只有在所有口袋和门襟制作完成之后，腰带制作之前，才能拼缝西裤的侧缝。

　　裁一条斜丝缕方向的口袋布，长宽分别约为20.3cm和3.8cm，用作侧缝臀部位置的加固布条。

　　将加固布条绷缝在裤后片反面，外侧缝的上端位置。车缝西裤两边外侧缝，车缝时注意不能缝住前口袋，但同时要固定住加固布条。

　　将拼缝线分开烫平。

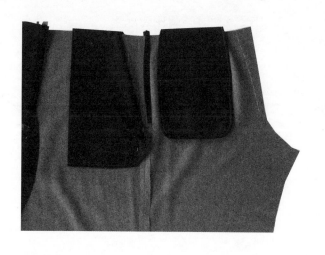 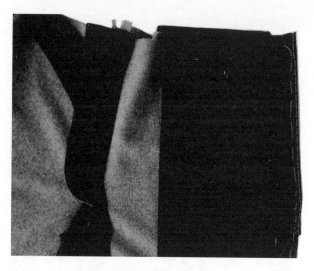

把口袋布做的加固布条向前翻折，扣压在
拼缝的缝份上，并熨烫定型。

将前裤片口袋布的边缘折起并熨烫，使得
前口袋布刚好搭在后裤片缝份的边缘上。

沿着前裤片口袋布的边缘，手工绷缝后车
缝加固，车缝时同时固定住裤后片缝份和加固
布条。注意针脚不要缝住裤子的外侧。

高级男西裤腰带的制作

腰带是在裤侧缝拼缝之后，在**裆**部和裤内
缝拼缝之前装上西裤的。腰带宽的大小取决于
个人喜好，男裤腰带的平均宽度为3.8cm。

在西裤里侧，用一块长条形口袋布盖住腰
带，在**腰节线**下方，用一块口袋布裁剪的腰里
布衬起西裤的臀上部位。

从前中缝到后中缝测量一侧裤片的腰带长。腰带长应相当于半个**腰围线**长。腰带在后中缝通常留出3.8cm，以备后期修改用。

使用西裤面料，沿着横丝缕方向裁剪两根半截长腰带。长度是半个**腰围线**长（包括后中缝缝份量）再加上10.2cm，宽度是成品腰带宽再加上上下两边的缝份量，缝份量应始终与西裤**腰围线**的缝份量一致。

裁两块等长的腰**衬**，长度为半个**腰围线**长（包括后中缝的缝份量），所以，腰带衬比西裤面料的腰带要短10.2cm。

测量腰带**衬**上的黏合衬宽度，如果需要的话，进行适当的修剪。黏合衬宽应与成品腰带的宽度一致。在黏合衬两边露出的衬底布应与腰围线缝份宽度一致。

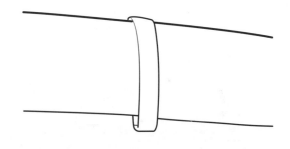

将腰带**衬**正面朝下放在腰带裁片的反面，腰带衬的上边缘对齐腰带的顶部，腰带**衬**与腰带重叠的宽度为缝份大小，腰带上多出的面料部分留在前中心处，将腰带**衬**和腰带沿着面料边缘车缝在一起。

现在将腰带裁片翻下盖住腰带**衬**后车缝固定，车缝时沿着腰带**衬**的黏合衬边，腰带裁片的下方折边现在应刚好抵在腰带衬的黏合衬底部位置。

裁一块细长条西裤面料，长度要能足够制作七根腰襻或腰环。每个腰襻的长度取决于腰带的宽度和缝入腰带里的缝份尺寸。腰襻必须足够长，从**腰围线**的缝份向下延伸到腰部缝合线下方6mm处，然后向上翻折并超过腰围的顶部大约1.3cm，成品腰襻宽度约为1cm。

将腰襻的拼缝分开烫平，要将一条长约四个或以上腰襻长的细条翻转到正面是非常困难的，所以这里要先按尺寸裁断腰襻，然后逐一翻至正面。在腰襻正面，将拼缝移至中间位置并再次进行熨烫。

如果不打算装表袋，你可以在西裤**腰围线**处绷缝住前后口袋，这样可以更好地控制住腰部的几层面料。

将腰带和腰带**衬**车缝到西裤上，车缝线紧挨着黏合衬边，同时固定住腰襻。

在西裤正面绷缝腰襻，腰襻分别位于前中缝向两侧6.4cm处、侧缝和西裤后中缝等位置。绷缝时注意腰襻上的拼缝面朝上。

后中缝线上的腰襻要在腰带缝制完成后再装。

如果你准备装一只表袋，右门襟上从门襟到袋口的裤腰拼缝线要被分缝烫开；如果不装的话，则要将裤腰拼缝线上的所有缝份向着腰带方向烫倒。

如果你准备装一只表袋，前右侧口袋的口袋布就要从裤片上拆下，这样才不会被缝进**腰围**的拼缝里。这需要在靠近口袋边的位置，在口袋布和贴边上剪开一个深约2.5cm的口子，并打开拼缝顶部2.5cm的线迹，将口袋布固定在侧缝加固条上。

在裤片正面，在裤腰拼缝线下6mm处明缉线车缝腰襻。

将腰襻向上翻起，越过腰带的顶端，用大头针固定在对应的位置，然后手缝来回针固定。

将搭门向腰带反面翻折，并绷缝固定住。使用丝光线和暗缲针法手缝腰带上下的折边，使用三角针法手缝**腰带衬**的截头端。

高级男裤的裤钩由四块组合搭配的金属配件组成。在将裤钩装到西裤上之前，先在边角料上试试这些零件。

将裤钩中的钩扣放置在左边腰带的末端，正对着前中心线，在钩扣下放一小块反面朝上的黏合衬，用于加固下方的西裤面料。

将裤钩中的眼扣放置在右边腰带上，也用一块**黏合衬**加固下方的西裤面料。将搭门翻折后手工绷缝固定住。使用丝光线和暗缲针法手缝腰带上下的折边，使用三角针法手缝**腰带衬**的截头端。

如果你准备在裤腰上装表袋的话，那么现在就是制作的时候，表袋要在腰带装上**贴边**和腰里布之前做好。关于表袋的具体制作方法可见本书235页内容。

现在用口袋布裁剪腰带**贴边**和下方的腰里布。沿横丝缕方向裁两块贴边，长度比半个成品腰带长出7.6cm，贴边宽度是成品腰带宽再加上上下两边缝份量。

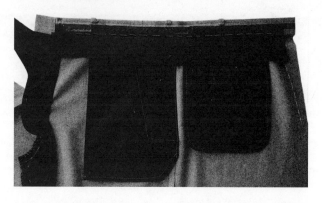

在西裤侧缝处，将剩余的腰里布折叠成裥，并将**贴边**/腰里布合缝的缝份与腰带缝份手缝在一起。

两块腰里布是斜裁的，长度比**贴边**长5cm，宽度是两倍成品腰带宽再加上上下两边缝份量。

沿经向对折腰里布，在腰里布正中熨烫一个箱形褶，褶裥宽1.3cm。

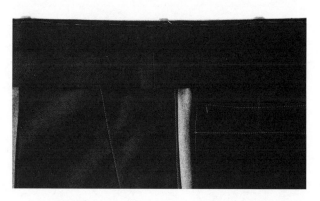

将**贴边**向上翻拉，盖住腰带的反面，贴边上端折边，距离腰带顶端6mm手工绷缝**贴边**，盖住腰带的毛边。在腰后中心约7.6cm宽的一段距离不绷缝，这样不影响拼缝后中缝。

将腰里布上的褶裥开合面朝上，铺放在**贴边**上方，然后将它们车缝在一起。

将缝份朝向**贴边**一侧烫倒。

 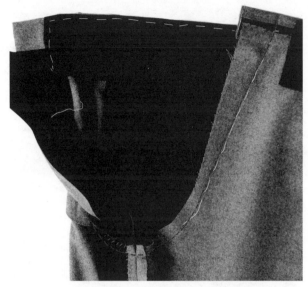

接下来是缝合前后裤片内缝。记住，后裤片内缝的缝份可能比前裤片缝份宽（见本书28页内容）。

用大头针将前后裤片内缝在膝盖刀眼处别住，从这里向上绷缝裤内缝。前裤片内缝比后裤片内缝长出约1cm，这可以让裤腿向前伸展。在裤前片内缝上，将这个1cm**松量**均匀分布在大腿的上半部分。车缝裤内缝时，轻轻地拉长后裤片内缝，这样前裤片内缝中会保留下**松量**，而不是形成褶皱。裤内缝缝好后，将拼缝分开烫平。

现在从裤腰上端开始，沿着裤**裆**线，车缝裤后中缝，一直缝到门襟位置。车缝完成后，将拼缝分开烫平。

将西裤正面翻出，两条裤腿的内外缝对齐，在前后裤片上，从下摆到裆线之间各烫出一条挺缝线，接着熨烫两条裤腿的裤内缝，最后熨烫裤外缝。

如果西裤前片设计有多个褶裥，则前裤片裤腰上，挺缝线应与较深的一条褶位置（最靠近前中心线的那条褶）重合。

将腰襻翻折起，越过腰头顶部，缝在**腰衬**上。

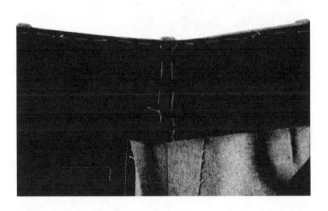

在后中心**腰节线**拼缝的下方约6mm的位置，放置最后一根腰襻，腰襻毛头朝上，拼缝贴边朝上，使用来回针将腰襻的上端车缝在西裤上，然后将腰襻向上翻起，在第一次针迹上再次用来回针车缝，将腰襻下端的毛头缝住藏起。

将后中心拼缝两侧的挡布和贴边折起，并绷缝固定住。**贴边**和腰里布的上缘与两侧均用丝光线密密的来回针缝住。

为了避免后中心腰襻影响未来可能出现的裤型修改，有的裁缝师会选择在后腰做两个腰襻，分别位于裤后中缝的两侧，间距约为5cm。

在西裤**腰节线**的制作中，在装上**贴边**和腰里布之前，可以在**腰带**拼缝线中装一只小口袋。这只口袋以前是用作表袋，现在常用于盛装一些小的贵重物品，例如大额钞票或支票等。

准备一块直丝缕方向的口袋布，长宽分别为10.2cm和20.3cm，另需要一块直丝缕方向的西裤面料，长宽分别为8cm和5cm，这块面料是用作口袋的**贴边**。

将**贴边**的底边向上翻折6mm，并用明缉线将**贴边**和口袋布车缝在一起，**贴边**两侧各留出1cm宽的口袋布。

将口袋布的底边折起1cm，然后进行熨烫。

把口袋布的底边提起，这样从未烫贴边的口袋布顶部到折边的距离是1.6cm。

在口袋两侧各车缝一条缝份为1cm的来去缝，来去缝的第一条缝份为6mm。将口袋正面翻出，并进行熨烫。

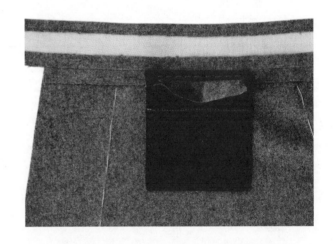

将口袋折边的边缘缝到腰带底部的缝份上。针脚穿过裤子的正面，并在两端固定住缝线。

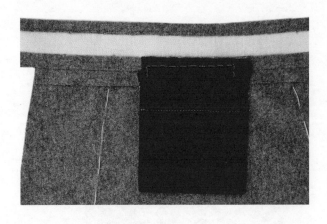

在裤前片，在两条短垂线之间拆开**腰节线**的拼缝，为表袋留出入口。

现在将口袋贴边一侧的上缘与腰带以及腰带的上部缝份缝在一起，缝线两端使用来回针车缝短垂线固定住。

在裤里侧，将侧缝袋平整地放在小口袋上方，然后继续腰带的制作。

高级男西裤脚口的制作

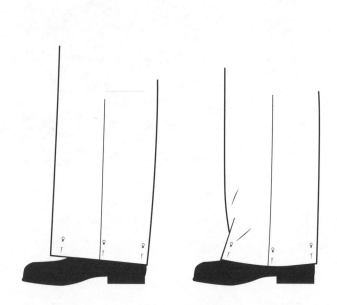

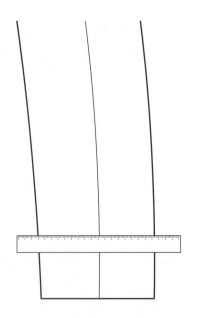

西裤脚口后方应能长至鞋后帮中部，前方能盖住鞋面。如果脚口碰到鞋子前部，裤脚会在脚踝位置出现折痕，轻微的折痕可以接受，裤腿上到底有没有折痕，这取决于个人喜好和穿着习惯。通常鞋面应能被裤腿盖住，但也有例外，例如细腿西裤，因为裤脚口位置较高，甚至折边会折到脚踝骨高度，所以脚口会露出部分袜子。根据客户需要，用大头针将西裤脚口别至最佳长度。

在西裤正面用划粉笔绘制裤脚口翻折线。

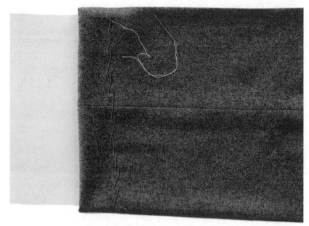

在西裤正面，用蒸汽将裤摆熨烫平整。如有必要的话，垫一块烫布辅助熨烫。

绷缝向上固定住裤摆，针脚位于脚口线下约2.5cm处。在西裤脚口处放一块纸板，既可以帮助绷缝，还可以防止针脚缝住另一边裤腿。

脚口线向上翻折约1cm，使用丝光线和卷边针法将裤摆手缝固定在西裤上，缝制时，针脚不能显露在西裤正面，缝线不能拉得过紧，脚口边不能有明显的拱起。

西裤脚口折边

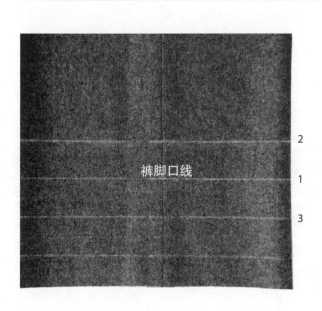

如果制作者选择了脚口折边的西裤，而不是普通西裤，就应该在裤脚口下再留出足够的面料，供翻折使用（见本书28页内容）。现在在西裤正面绘制几条线，作为折边的参考辅助线。

首先，画一条线作为裤脚边线，记住，脚口折边的西裤裤长要比无折边的西裤稍微长一些，因为折边将折叠起一些面料，折边裤脚口长出大约6mm就够了。

在第一条线上方水平画一条线，下方画两条线，各线之间的距离均为翻边的宽度。常见的裤脚口翻边宽度大约为3.8cm。

在最后一条线下，留出约1.9cm宽的下摆，无论裤脚口下还剩有多少裤料，均剪至所需尺寸。

在西裤反面，用三角针将裤脚口下半部分的折边沿着脚口围与翻边内层缝合在一起。

在西裤正面将裤脚口翻边熨烫平整。

在西裤的正面从第三条辅助线开始折叠裤片，折边向上倒向第二条线，这个折边将是最终翻边的上半部分，将这部分折边沿着整个裤脚口围手工绷缝固定在裤片上。

将裤脚口朝向反面翻折1.9cm，沿着翻折边的底边绷缝，将底边固定在西裤上。

贴脚条（布）

现在在西裤后裤片脚口上缝制一块称为贴脚条的布条，贴脚条的作用是保护西裤面料免受鞋后跟的摩擦。

用裤料裁切一块布条，长、宽分别为17.8cm和7.6cm，将布条对折熨烫平整，如上图所示。

在西裤后裤片脚口的中部，紧挨着翻折边放置贴脚条，沿着贴脚条的折边，使用回针法将贴脚条手缝固定在西裤脚口上，然后使用三角针法将贴脚条两侧的毛边锁缝住，所有的针脚只能与裤脚翻折边相连，不能穿过裤料而显露在西裤正面。

第八章 高级男西装马甲的制作

西装马甲一直与流行时尚保持若即若离的联系，也可以说，高级定制裁缝师们仍固守着传统，他们坚持全三件套西装的着装风格，并认为这才是能体现绅士身份尊贵的经典造型。

虽然西装马甲的款式设计五花八门，数不胜数，但保守的传统高级西装马甲的外形却只有一种：单排扣，两只或四只**嵌线袋**的简单造型。马甲习惯的穿法是与西装同时穿着并扣起，马甲在西装的**驳领**口上只能露出一粒扣大小的面积，如果露出太多，它就会破坏西装**驳领**的外观效果。马甲前片的长度以能盖住皮带扣为宜。

如果马甲领部的设计是从凹弧形的后领底向前逐渐延伸形成胸前的**驳头**，那么这样的**驳头**就可以设计成分离式的领面结构，可以直接缝合在马甲前片的领边线上。

传统高级男装马甲的前衣片是选用西装面料，用一层粘烫了有纺黏合衬的**衬料**加固衣身。而马甲后衣片则是用衬里布制成的，颜色与前衣片协调一致。因为马甲多数较为合体，彩色的里料可能会掉色，甚至染色到衬衫上，所以马甲的前后片均应使用白色的里料，以防上述情况的发生。马甲沿着前衣片下摆用一长条成衣面料贴边，并逐渐延长直至后领口中心位置。

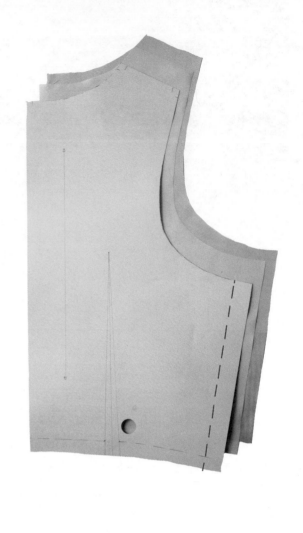

在西装面料上裁出马甲的前衣片，用划粉笔在裁片正面标记各部分结构和对位点。这里不用棉线打线钉的方法来标样，因为我们将在裁片的反面熨烫黏合衬，如果打了线钉，棉线会被烫粘在黏合衬下而难以去除。

在省尖下2.5cm处剪开省道，如果有必要的话，将省道末端的缝份修剪成1cm宽。

在里料上裁出马甲的后衣片，确认后片侧缝比前片侧缝要宽出1.3cm，这么做的目的是为未来的修改提供余量（修改多选择后片而不是前片）。

后衣片的省道不需要同前衣片那样剪开，因为后衣片使用的里料较为轻薄。

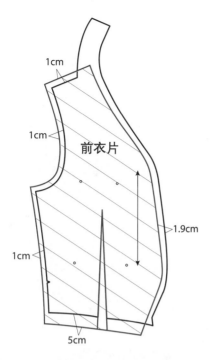

空隙。注意黏合衬不要盖住侧缝的缝份，也不要越过下摆的折边线。

在白色里料上使用马甲纸样裁剪马甲衬里布。衬里布在肩部、袖窿、侧缝和下摆等处裁得比纸样略宽一些，具体部位的裁剪尺寸可参照上图所示。前门襟线上，衬里布则应比纸样略缩进1.9cm。

后衬里布的裁剪尺寸与纸样完全一致，不做任何变化。

根据西装口袋的制作方法，在马甲前衣片上设计制作**单开线袋、双嵌线袋**或贴袋。马甲的胸袋长约为11.4cm，**腰部**的口袋长约为12.7cm。

马甲的口袋可以不使用加固条，因为整个前衣片已经烫上黏合衬定型了。

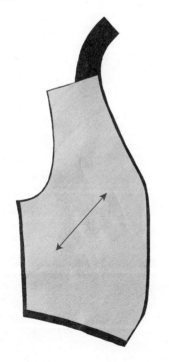

在马甲前衣片的反面粘烫斜裁的有纺黏合衬，在前门襟边、肩部和袖窿处各留出6mm的

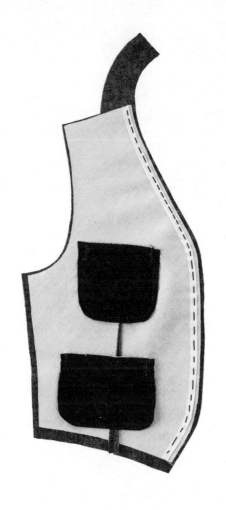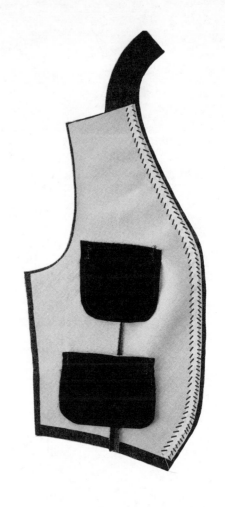

　　沿着马甲前片的门襟边缘，从肩线到下摆折边贴一条宽度为1cm的棉牵条布（已浸过冷水预缩并被熨干），并用棉线绷缝在拼缝线内侧约1.5mm处。在侧颈至第一个扣位的弧线的中部，轻轻牵拉牵条布，让牵条布下的这段面料形成若干细小的皱缩，目的是收紧这个部位的衣片，使之紧贴人体，防止领口向外敞开，门襟不平服。

　　使用暗缲缝针法将牵条布用丝光线缲缝到马甲衣片上，牵条布两边都需要缲缝，缝合后，马甲正面应不显露出任何针脚。

　　熨烫整块牵条布。

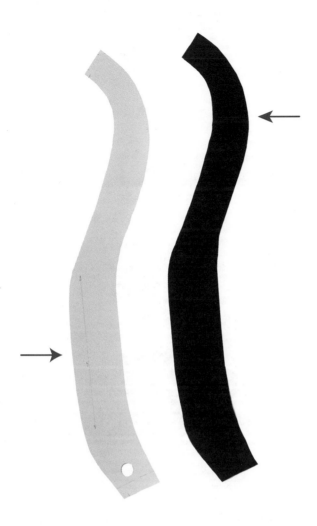

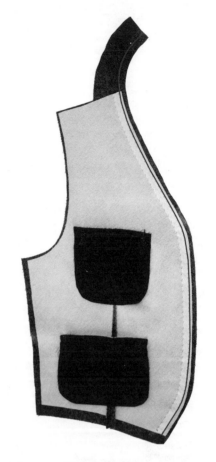

根据前衣片的纸样用大身面料裁剪**挂面**，挂面方向为直丝缕。**挂面**前中心宽约7.6cm，挂面弯转的部位和后领周边宽度较前中心略窄一些。

将**挂面**和马甲前片叠放在一起，正面相对，从后领中线到前片下摆，压住约1.5mm宽的牵条，将两层面料车缝到一起。

向着**挂面**方向扣烫缝份，如果需要的话，可适当修剪缝份，用棉线将缝份绷缝固定在下摆上。下摆用丝光线暗缲针法缝在黏合衬上，暗缲针针迹不能显露在面料正面。手缝时，小

心针脚不要缝住两层口袋布，否则你就要考虑
是否要缩短袋深。

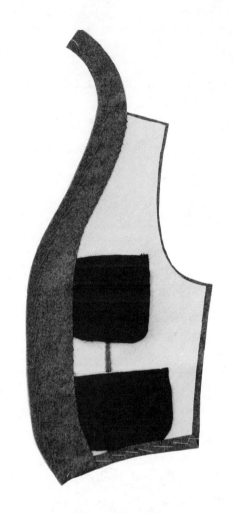

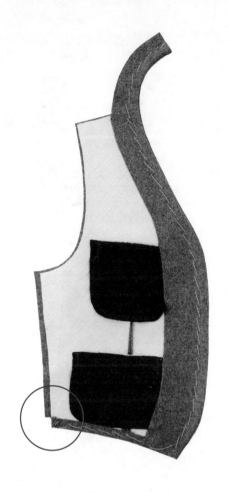

沿着下摆折边的上缘，剪开侧缝的缝份，
一直剪到净缝线位置，剪口下方的部分折向下
摆并绷缝固定，然后再使用暗缲缝针法沿着边
缘缝住。

　　现在将**挂面**和**挂面**缝份翻至马甲前片的反
面，并沿着门襟边线棉线绷缝固定。将**挂面**的
内侧用丝光线三角针法与黏合衬缝合。马甲正
面应不显露出任何缝迹。

　　在反面熨烫**挂面**。

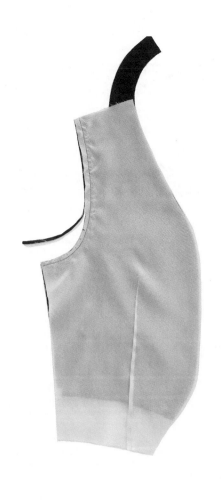

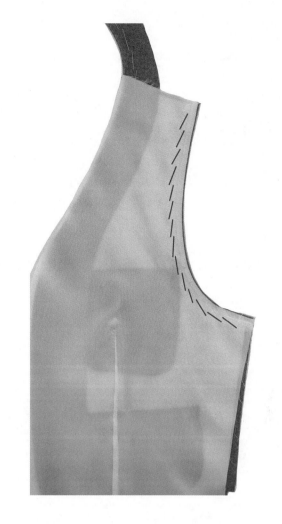

在前片衬里布上车缝省道，并向着侧缝扣烫倒。

将衬里布的正面与马甲的正面相对，沿着袖窿边线用棉线手工绷缝固定。车缝袖窿圈，并将缝份修剪至6mm。袖窿上的弧形部位的缝份均斜剪刀口，刀口末端尽量靠近拼缝线。

拆除袖窿圈上的手工绷缝线迹。

现在将前片衬里布和衬里布的侧缝翻至马甲的反面，并用棉线手工绷缝固定。

　　衬里布的省道中部位置绷缝一条宽约
1.3cm的褶裥，作为衬里布衣长方向的**放松量**。
沿着前门襟边翻折并绷缝衬里布，衬里布盖住
挂面内侧的三角针针脚，以同样的方式翻折衬
里布下摆，下摆处留下6mm宽的衣身面料。

　　同步裁剪马甲后片和后片衬里布，形状尺
寸一致。车缝两块裁片的省道和后中心线，省
道向侧缝方向烫倒，后中缝展开烫平。

　　在侧缝的下摆折边的上缘剪切刀口，一直
剪到净缝线处，如果有必要，肩线与**挂面**拼接
的地方也剪切刀口。将剪口翻折并绷缝固定。

　　沿着**挂面**边缘，使用丝光线和暗缲缝针法
将衬里布和马甲下摆手工缝合在一起。

　　使用与马甲后片相同的面料制作腰带，裁
两条半截长腰带，方向为直丝缕，制作好的腰
带两端宽度分别为1.9cm和2.5cm，腰带长比省
道中部的半个后片宽长出2.5cm。

　　沿着长度方向拼缝每块腰带裁片，并将拼
缝分开烫平。将其中一根腰带较窄的一端车缝
闭合，并将两根腰带翻至正面。

　　将拼缝线熨烫至腰带的中部位置。

在另一根腰带的较窄的一端，装上马甲腰扣（服装面辅料店有售），并使用来回针或明缉线将腰扣缝住。

如果设计需要或腰扣有特殊要求，可以用马甲后片面料制作一个腰襻，腰襻方向为直丝缕，做好后的腰襻尺寸是：长度为两倍腰宽带两倍宽，宽度为1cm，将腰襻缝装到腰带上，距离腰扣2.5cm。

将马甲后片铺放在后片衬里布上，两块裁片正面相对，沿着袖窿弧线用棉线手工绷缝固定，袖窿处马甲衬里布向内缩进3mm。将袖窿处的衣身面料和衬里布修剪均匀，并车缝整个后片袖窿线，最后将袖窿缝份修剪至6mm。

在袖窿缝份上，靠近车缝线，斜向剪切若干个刀口。

将左右腰带闭合后绷缝在后片上，大约位于省道中部位置，使用明缉线将腰带手缝至马甲上（如图所示）。

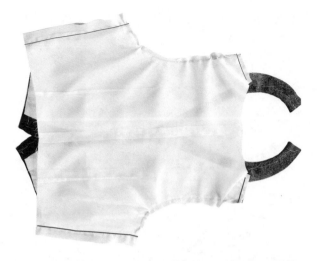

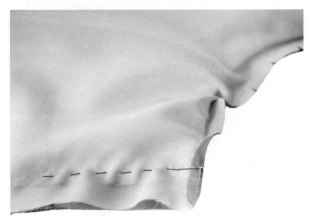

车缝马甲的侧缝，将几层面料固定住，然后在腋下打好线钉。

绷缝后车缝马甲的肩线，肩部的衬里布留出6mm左右的**松量**。衬里布的肩线不要一路缝到领边底，因为我们后期将需要一段空隙来折起布边。

用一种可以藏起所有缝份的方式车缝侧缝。白色马甲衬里布的反面朝外，在两层后片衬里布之间插入两块马甲前片，前后袖窿应彼此相连（这里注意：后片侧缝的缝份比前片侧缝的缝份宽出1.3cm），绷缝马甲前后片的侧缝，然后将后片衬里布压在绷缝线上，继续在侧缝上绷缝。

在侧缝的顶部，将袖窿缝份和部分马甲后片拉至衬里布，并绷缝固定住，这步工艺的目的是防止腋下部位的白色衬里布在马甲制作完成后露出来。

将马甲里面翻出，衬里布的正面露在外面，然后缝合衣身后中心的领口线，并将缝份分开熨平。

穿过马甲尚未缝合的领部，从里面将马甲衣片翻出，车缝好后片的下摆线。

将西装马甲正面向内翻折。沿着领口大身面料的边缘线，将衬里布的正面和马甲衣片的反面绷缝在一起。

选用丝光线和暗缲缝针法把上述拼缝缝合在一起。

西装马甲的钉扣和锁纽眼可根据本书199和200页介绍的方法制作完成。西装马甲的闭合件通常选用直径为1.3cm的纽扣。

在定位纽扣和扣眼之前，在熨烫馒头上将西装马甲衣片熨烫平整。

第九章

局部结构的修正

西装驳领的修正

由于时尚潮流的不断更迭，高级男西装的驳领的造型也经常变换。

在胸衬上用划粉笔绘制新**驳头**的领边线。

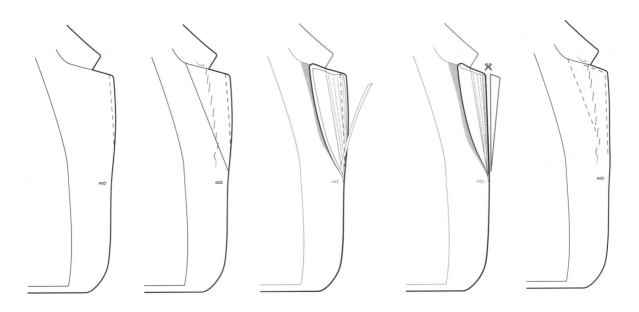

驳领修改的第一步是用划粉笔进行标记，在**驳领**的前方位置，画一条领边线标识出理想的领宽。

纵向绷缝整个**驳领**，一直绷缝到翻折线以下位置，绷缝时固定住上下几层面料，以免偏移。

从领嘴刀眼处拆开**挂面**拼缝线，一直拆到翻折线的底端，拆除**驳领**外边缘的牵条，**驳领**上方的牵条不用拆除，除非你也要修改这条线。

沿着划粉笔标识线修剪胸衬（不要剪到西装衣身面料），沿着**驳领**边绷缝一条1cm宽的斜向棉布牵条（已浸过冷水，并熨干）。将牵条压在缝份上，宽出胸衬约1.5mm，这样可塑造薄而硬挺的**驳领**边线。

用丝光线和暗缲缝针法缝住牵条的两边。缝线应穿过**驳头**的反面，但针脚需很小，表面几乎看不到任何线迹。

将大身面料的缝份修剪到超出牵条1cm的宽度，**驳领**尖点处的缝份修剪得更窄一些。

现在将**驳领**的缝份向着牵条翻折，并根据本书146页介绍的工艺方法制作完成。

如果**驳领**修改的尺寸较大，那就必须同时修改领座，以保证**驳领**与领座的平衡。领座可以使用与**驳领**相同的方法进行修窄。如果你愿意的话，也可以重新绘制一个新领座（见本书170页内容），新领座由一个新领底（见本书173页内容）和旧领面的面料（如果必须面料一致的话）组成。

调整西装的袖长

西装上最常见的修改可能是袖长的调整。袖长尺寸主要取决于个人喜好和穿着时是否舒适。西装的袖长可以较短，比内穿的衬衫袖口短到1.3cm，具体袖长也可以根据客户的喜好确定。

距离袖口约20.3cm处将袖片和袖里布绷缝固定，绷缝时注意保持袖里布平整服贴。

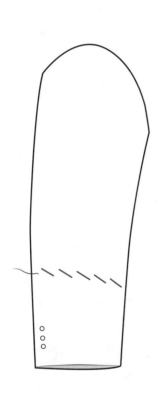

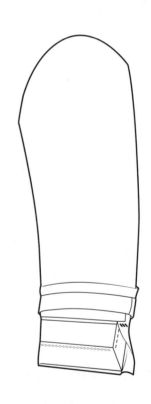

因为袖衩处有好几层面料，所以袖口太厚无法翻折，无法用大头针准确地固定住来确定正确的袖长。用划粉笔在袖克夫上标记出需要剪切的长度和位置，或记下需要加长的尺寸。

拆除袖口的纽扣，并将向内翻折的袖边翻出，拆开袖口和袖衩的衬里布，将衬里布从这些部位揭起拿出。

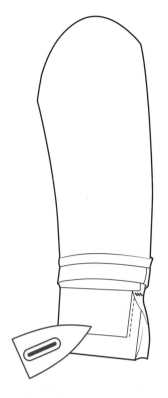

拆开袖口缝线，将原来的下摆折边展开烫平。熨烫时建议使用袖烫板，或是将熨烫手套塞入袖口内垫烫。

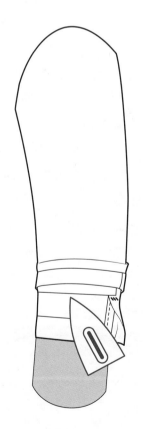

翻折并熨烫新的袖口线，并将袖口的袖衩部分熨烫成平整的斜面（见本书190页内容）。

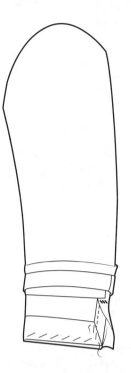

将袖口边斜向绷缝在加固条上，并用暗缲缝针法将上下袖衩的末端止口缝住。

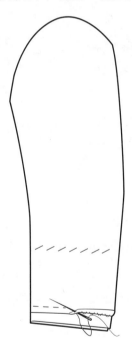

沿着袖衩绷缝袖里布（见本书192页内容），将袖里布的袖口向上折起约1.9cm，高出袖里布折边约2.5cm的位置绷缝袖里布的袖口。

将衬里布袖口翻回原状，使用卷边缝针法将一层衬里布和一层衣身面料缝在一起。

更换袖口纽扣（见本书203页内容）并熨烫整个袖片（见本书201页内容）。

更换西装的衬里布

要给一件缺少纸样的西装更换衬里布，首先要小心谨慎地拆下旧衬里，将衬里逐件拆分成前片衬里、后片衬里、侧片衬里和袖片衬里，并分别展开烫平。平整的旧衬里现在就可用作新衬里布的纸样。

如果确定衬里布不合身是因为尺寸太小的缘故，可以在衬里布上所有垂直方向的拼缝里加上3mm的松量，并在后中心拼缝中留下充足的面料，制作一条可开合的活褶（见本书158页内容）。

更换衬里布最先是衣身装上衬里布，这一点与西装制作时的缝装衬里方法略微不同。

如果西装的旧衬里布上有巴塞罗那口袋（见本书151页内容）的话，口袋可以整个被拆下，再直接缝装到新的衬里布上去。

在侧缝处将前后片衬里布缝合起来，在**腰节线**的刀眼位置，将整块衣身衬里布固定在西装上。

将衬里布和西装的各条拼缝均对齐，后中缝向下绷缝住，衬里布四周也绷缝住（见本书161页内容）。如果此时能使用人台，即便是个衣架，也会让这步工艺的操作更加容易。

衬里布的前侧边缘被绷缝后用暗缲缝针法连接到**挂面**上。用回针将衬里布缝到袖窿缝份上，这步工艺与西装首次装衬里布的工艺相同（见本书195页内容），底摆用卷边缝缝制完成（见本书194页内容）。

当衣身的衬里布制作完成后，将西装衣身和袖片的衬里布翻出，将西装衣身的缝份和袖里布的缝份绷缝在一起。

扣烫袖山处的袖衬里布，沿着袖窿边绷缝到西装大身的衬里布上，并用暗缲缝针法缝合。

调整西装的胸宽

　　如果一件西装试穿时，衣身显得太宽，可以用大头针别插的方法，在拼缝线处逐步收紧围度来进行调整。如果西装衣身太紧，不要冒然拆开拼缝线来决定放开多少缝份，可以在新的拼缝线缝好后再拆掉旧的拼缝线，这样能更好地控制改动的尺寸。

　　如果修改尺寸时不能避开腋窝点的话，就必须先拆开腋点位置的部分袖窿缝线，再进行改动。

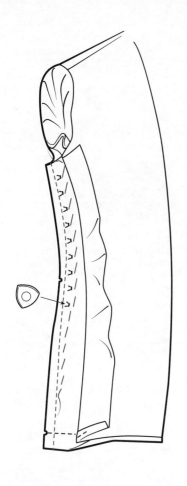
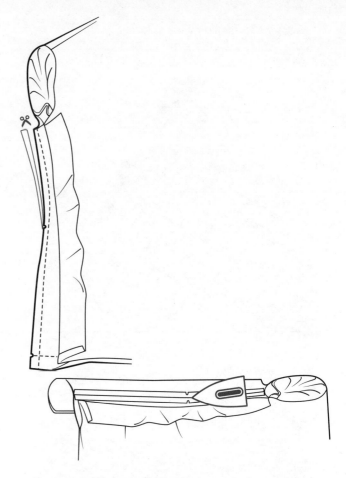

　　拆开侧缝处的里料，大头针别插位置的内侧，将前后衣片在绷缝在一起。

　　将大头针别插的各个位置用划粉笔连接标记，并将衣片拼缝烫平。

　　沿着划粉笔标识线将前后片车缝起来，这就是新的衣片拼缝线。

　　拆除旧的拼缝线，并修剪缝份，将新的拼缝缝份分开烫平。

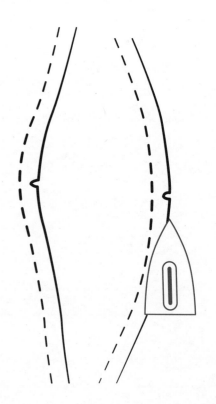

如果拼缝线有明显的熨烫定型工艺，那么现在可能会在腰线部位出现隆起，这是因为缝份牵拉所致。解决方法是用蒸汽熨烫**腰节线**位置的拼缝线缝份，将缝份向着相反方向拉伸成弧形，这样定型部位的缝份被拉长，局部的隆起就消除了。

如果衣身的调整量小于2.5cm，可以在不修改袖窿的情况下重新装袖。

如果无论怎么尝试，你发现都不能将袖片完美地装入收紧的衣身袖窿，那么可以通过收紧袖片腋下的拼缝来减少袖窿弧长的**放松量**。不要试图收紧袖片的后拼缝，那将会扭曲整个袖片的形状。

当袖窿制作完成时，重新装上西装衬里布（见本书162页内容）和袖片衬里布。

调整西裤的腰线

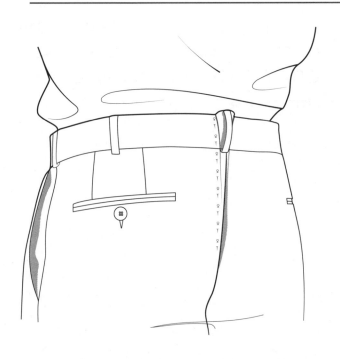
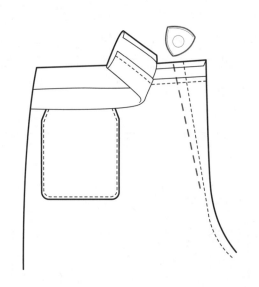

如果西裤的**腰围**太松，不需要把裤后中缝拆开，可以直接用大头针别起多余的面料进行调节（如上图所示）。如果西裤的**腰围**太紧，则必须先拆开裤后中缝，然后用大头针别插进行尺寸的调节。

拆除腰部后中心上的腰襻，在裤里一侧，将腰带贴边和裆布从后中缝中拉出，用划粉笔根据大头针别插的标记绘制新的后中缝，并将原先的后中缝缝份烫平。

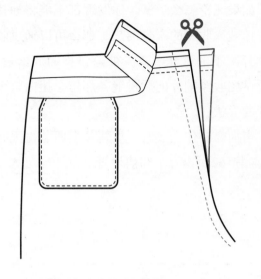

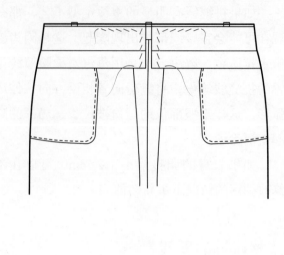

从腰头开始向下车缝新的后中缝，缝份逐渐变小，一直缝到裆部位置。拆除旧的后中缝线，并修剪缝份。如果面料充裕的话，建议在后中缝上端留下大约3.8cm宽的缝份，以供将来尺寸修改的需要。最后将后中拼缝展开烫平。

在裤后中缝上缝装腰襻（方法见本书234页内容）。在西裤里侧，绷缝固定住腰头的**贴边**和裆布，并沿着绷缝的布边，用丝光线和倒回针手缝固定。

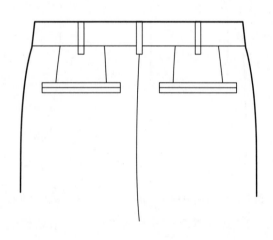

依据客户腿部尺寸修正裤型

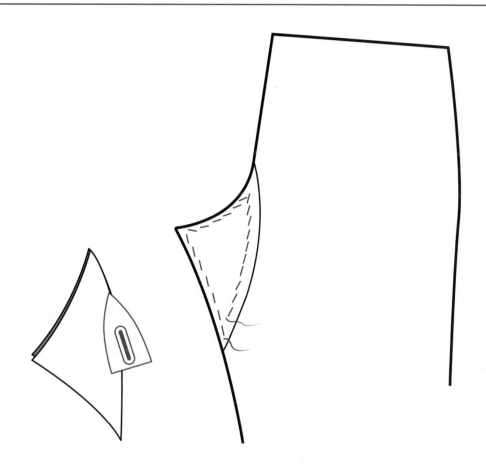

身材健硕的男士可能需要在后裤片大腿根处加缝一块裆里布，裆里布长约为**裆**底到膝围线之间距离的三分之一。如果西裤裆底部位的面料出现磨损的迹象，是由于穿着者的大腿持续摩擦西裤造成的，那么西裤就需要一块裆里布。加缝裆里布的面料在皮肤上移动起来更加顺滑，尽管仍会有摩擦发生，但由于面料移动得更顺畅，所以面料承受的拉力就会减少，并且受力位置也不再是同一个位置。

裁一块正方形裆里布，边长约为22.9cm，方向为直丝缕。沿着对角线对折裆里布，并将折边熨烫成弧形边。

将裆里布绷缝在**裆**部和后裤片裤内缝顶部的缝份上，然后将裆里布的三边手工包缝固定住。

收窄西裤的裤腿

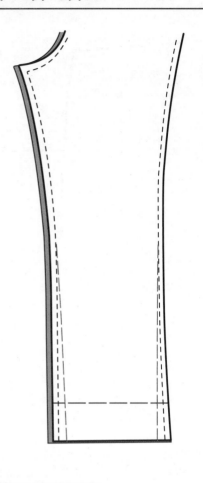

如果西裤膝围线以下的裤管太肥，可以改成直筒裤或锥形裤，修改方法很简单：

先将西裤的裤里翻出，将裤脚口放下展开，熨平所有的缝份；然后沿着裤内缝和裤外缝，从膝盖线向下直至脚口位置，用划粉笔绘制新的裤缝线，裤内缝和裤外缝收进相同的尺寸；最后沿着划粉笔线车缝新的裤缝线，缝合完成后，修剪掉多余的缝份。

注意后裤内缝的缝份要比前裤内缝的缝份宽一些（见本书28页内容），所以在修剪多余的裤料时，前后裤内缝应保留不同的缝份。将缝好的裤缝分开烫平，最后制作裤脚口。

调整西裤的裤长

西裤的裤长可以参照本书236页介绍的方法进行调整。在修改裤长之前，须将先前的裤脚折边展开烫平。

局部结构纸样示例

后口袋嵌条

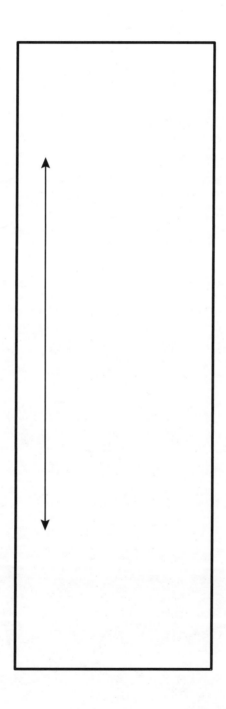

局部结构纸样示例

直插袋模板

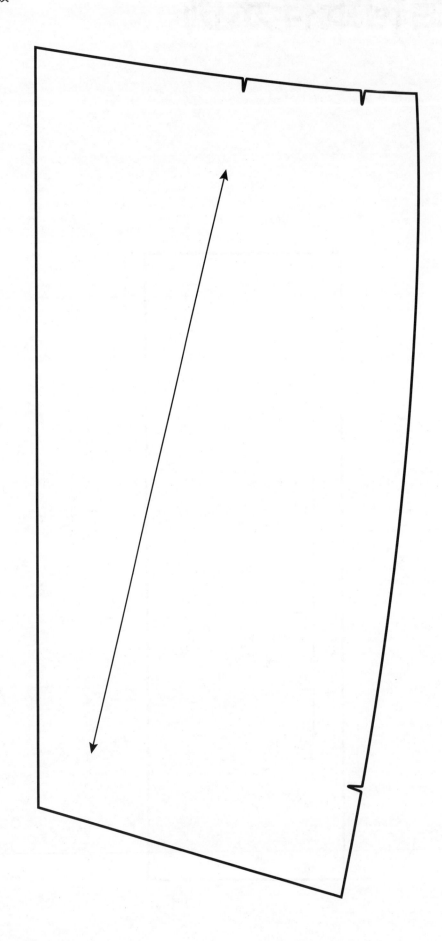

（西裤）斜插袋贴边

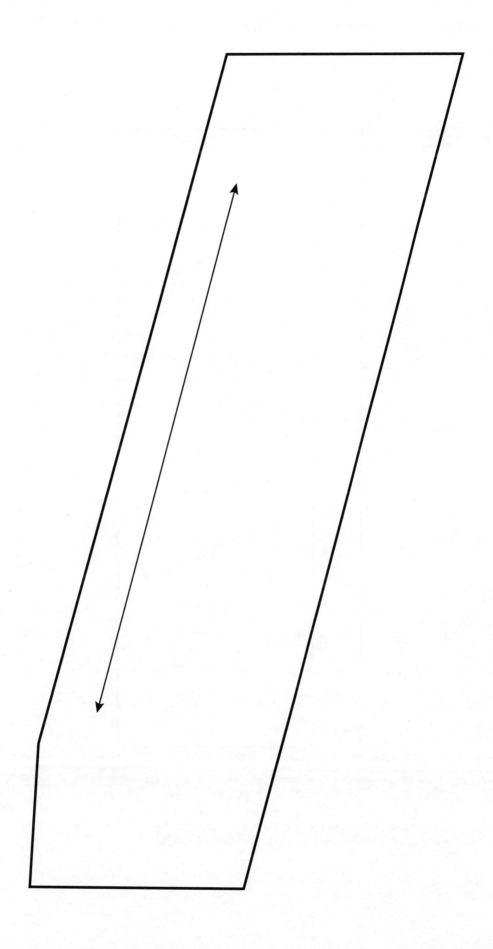

（西裤）后口袋贴边

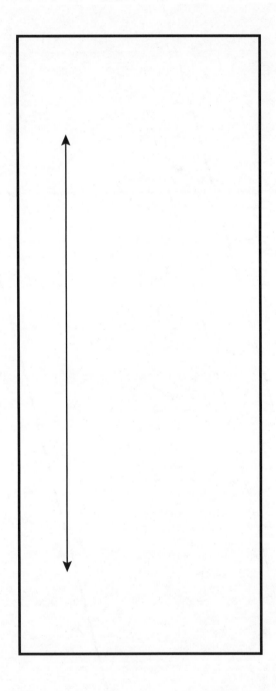

法式西裤门襟襻

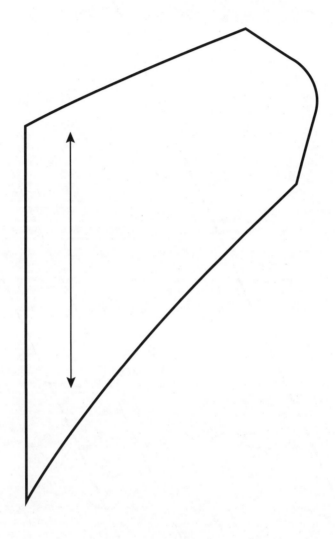

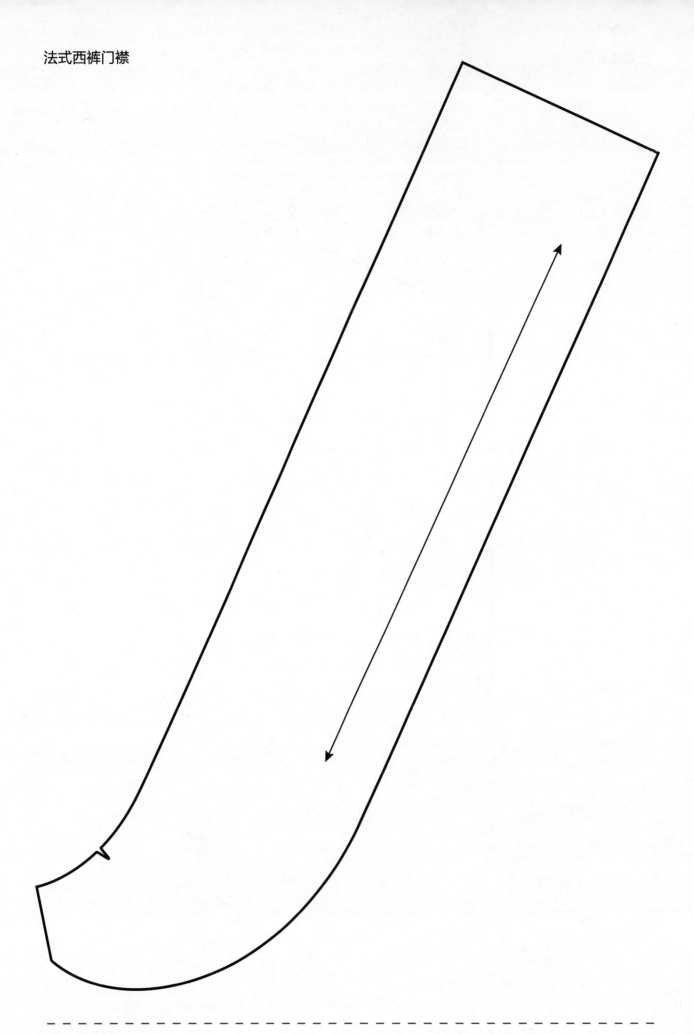

法式西裤门襟

西装垫肩

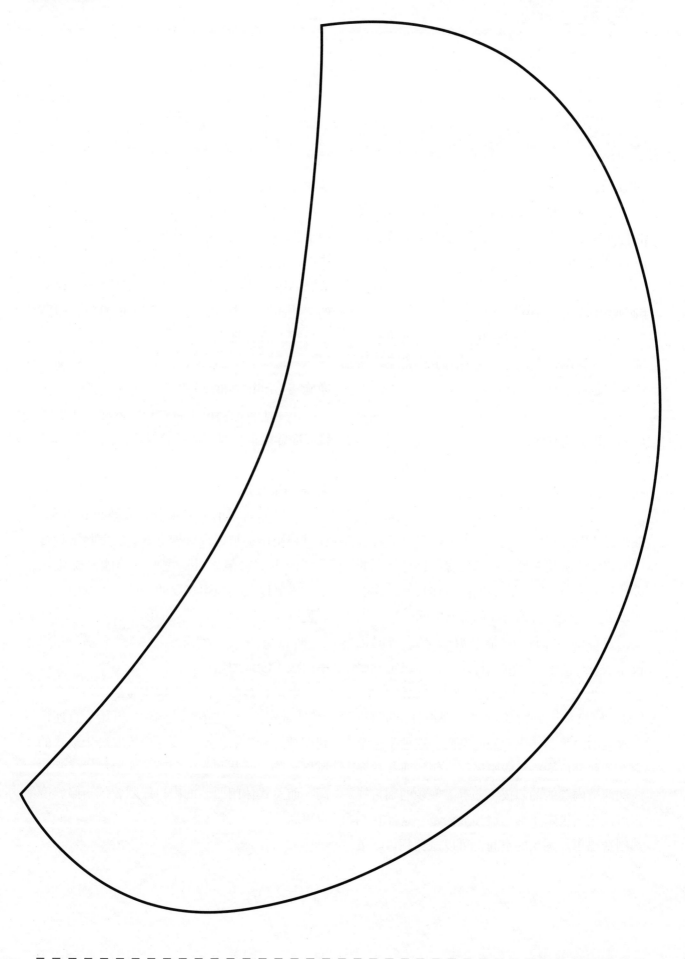

词汇表

胸围（Chest）

在腋点下方，水平围绕人体躯干一周量取的胸部尺寸。测量胸围时，注意软尺需经过胸肌和背胛骨的最凸点。

胸围线（Chest line）

在上装纸样上，位于胸部水平方向的参考辅助线。胸围线在试样中主要用于检验服装整体结构是否平衡。

裤裆（线）（Crotch）

两条裤腿之间，从前腰中点到后腰中点之间的圆弧形拼缝线。

放松量（Ease）

合体的服装需要对局部的容积进行特别的设计，需适当大于客户的实际身体尺寸，才能实现外形美观、行动自如的穿着要求。这个被专门设计的尺寸称为"服装放松量"，有时也被作为设计的参考尺寸。传统上，高级定制服装比高级成衣和休闲服饰的放松量设计要小。"加入放松量"是指通过选择性地抽缩面料，在服装的局部制作出额外的空间。这种工艺常常在某些部位的拼缝线中采用，例如西装袖窿线和西裤内缝线的归拔工艺等。驳领的翻折线也可以用斜纹牵条加入适当放松量，这样在胸部制造出更加宽松的空间，可以避免领口不美观地撑开。

挂面（贴边）（Facing）

广义的挂面（贴边）是指专门裁制的裁片，用于服装边缘或门襟的整理工艺。高级男装制作中，挂面（贴边）常用于以下几个部位：口袋、马甲和西装前门襟，以及西裤腰带。狭义的"挂面"单指西装前片门襟下的里料，即翻领显露出的那部分结构。

净缝线（Fitting line）

位于（有缝份的）裁片边缘内侧的净纸样线。净缝线最后将成为缝合线。

袋盖（Flap）

一块加衬里的衣身面料，大致呈长方形，在口袋制作中被缝入口袋上方。袋盖除了具有一定的审美价值之外，主要的功能是防止灰尘、碎屑以及其他不需要的东西，无意中落入口袋里。

串口线（Gorge）

串口线是西装前胸上领座与翻领的相交线（弧线或斜线）。这条线从侧颈点开始一直连接到翻领的领尖点。串口线的位置取决于款式的风格，英式西装和意大利西装的串口线通常较高，而美式休闲西装的串口线则较低，倾斜度也更高。

衬料（布）（Interfacing）

所有能为服装提供结构和支撑的纺织品，通称为衬料。衬料有可拆卸的（或缝进服装中），也有通过熨烫粘贴在服装上的。海毛衬布、胸衬、法国亚麻衬布、马尾衬、法兰绒和口袋布都是高级男装制作中常用的衬料。黏合衬包括有纺衬、无纺衬、纬编衬和针织衬等多种类型。

翻（驳）领（Lapel）

翻折覆盖在西装前胸上的驳领的翻领部分。翻领的造型多变，具体形状完全取决于设计师的偏好。

麦尔登呢（Melton）

麦尔登呢是一种质地紧密，手感柔软，煮沸过的羊毛织物，常用于大衣和猎装外套的制作。高级男西装制作中，麦尔登呢常被直接用做领底。这种特殊面料的使用，使得西装领更加坚固和耐磨损，并且制作中不需要任何缝份，简洁的工艺方法还可避免衣领出现不必要的臃肿。

裤内缝（长）（Pant inseam）

从横裆至脚踝位置的裤子内缝线的垂直线（长度）。

裤外缝（长）（Pant outseam）

从腰节线至脚踝位置的裤子外缝线的垂直（长度）。裤子口袋常常开在裤外缝线的上方位置。

裤腰围（Pant/Trouser waist）

根据客户习惯着装的裤腰位置，围绕人体下腹部，水平测量一周的尺寸。

滚条（嵌条）（Piping）

滚条是指裁成细长条的面料被翻折后，用于某些口袋袋口的包边工艺。在英国服装业，滚条也被称为"嵌条"（例如双嵌条袋）。

对位点（Pitch）

"对位点"是指在服装裁片上或某个局部位置所作的垂直对位记号。在西装制作初期的试样阶段，服装整体的平衡和各局部位置的对齐至关重要，精准对位的袖片体现了高级西装的制作水准。"前对位点"和"后对位点"是指标记在衣身袖窿和袖山线上的对齐刀眼，用于将袖片的特定位置对齐衣片结构，以获得客户所需的袖臂外形。

立裆（深）（Rise）

从裤腰头到裤底缝顶点之间量取的垂直距离称为立裆（深）。立裆并不是裤子实际的前裆弧线长，通常是作为裤内、外缝之间的纵向距离差来进行尺寸计算的。

袖窿（Scye）

裁缝和裁剪师常用的这个术语"袖窿"，特指上装圆形或椭圆形的肩袖合缝。袖窿这个词也可指袖孔的形状，也就是袖子与衣身缝合的形状。"袖窿深（长）"是指在制作完成的袖窿上，从最高点到最低点之间量取的垂直距离。

坐围（Seat）

人体臀部最宽的部位的水平方向尺寸，也常称"臀围"。

腰围 / 人体腰围（Waist/natural waist）

沿着人体躯干的肚脐位置，水平围绕躯体一周量取的尺寸。腰围也是人体躯干最细的围度。

腰围线（Waistline）

适用于所有纸样的人体腰节位置的水平参考辅助线。腰围线在试样中常用于检验服装整体结构的平衡。

嵌带（嵌条）（Welt）

"嵌带（嵌条）"是服装专业术语，专指一种用于服装和袋口的包边的狭长形布条（通常宽度大于1.2cm。西装胸部的嵌线袋是由斜方形嵌带制作的口袋，传统的嵌线袋位于西装的左胸部位。